수학나라 앨리스

수학나라 앨리스

초판 1쇄 인쇄일 2021년 10월 5일
초판 1쇄 발행일 2021년 10월 15일

원 작 루이스 캐럴
지은이 박구연 엮 음 김주은
펴낸이 김지영 펴낸곳 지브레인Gbrain
편 집 김현주
마케팅 조명구 제작 · 관리 김동영

출판등록 2001년 7월 3일 제2005-000022호
주소 04021 서울시 마포구 월드컵로7길 88 2층
전화 (02)2648-7224 팩스 (02)2654-7696

ISBN 978-89-5979-670-0(03410)

• 책값은 뒤표지에 있습니다.
• 잘못된 책은 교환해 드립니다.

루이스 캐럴 원작 박구연 지음 김주은 엮음

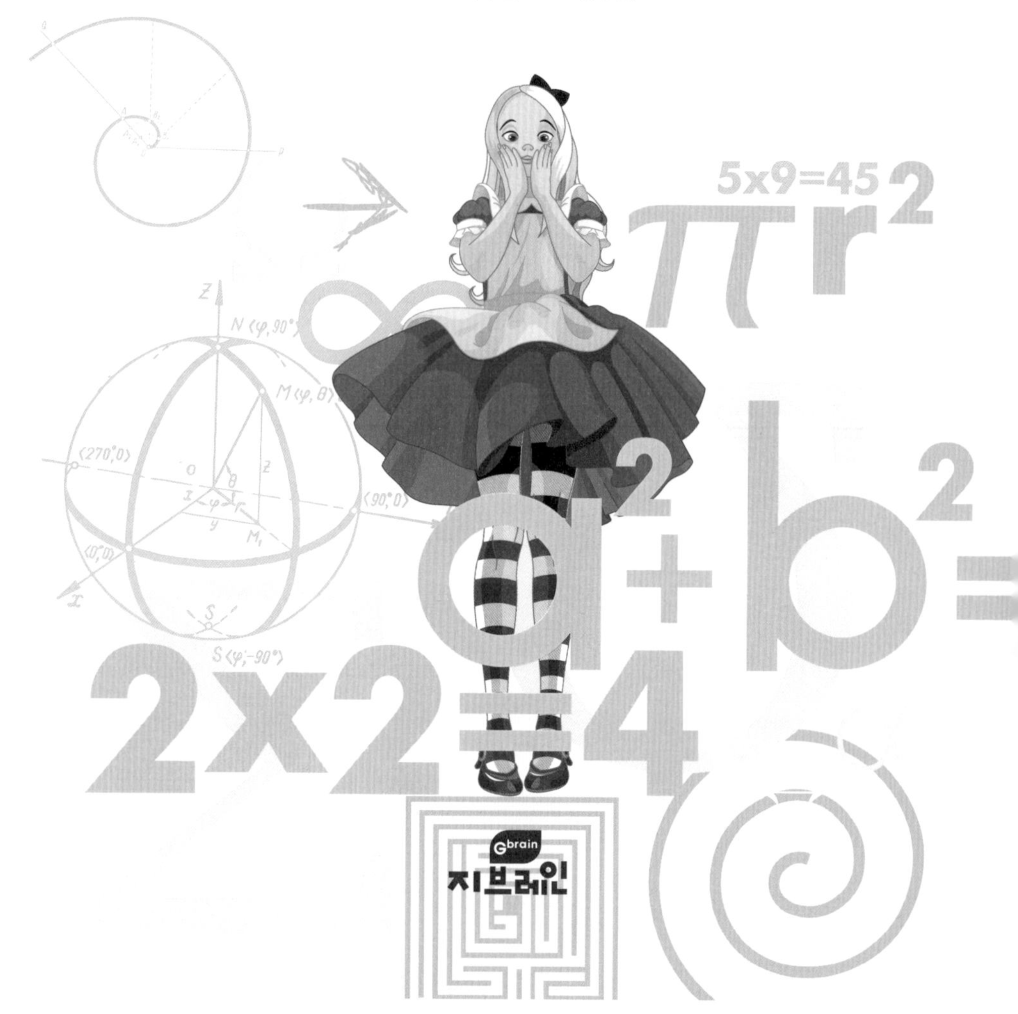

《이상한 나라의 앨리스》는 1862년 7월 여름 어느 날 세 명의 어린 소녀와 작가인 루이스 캐럴[Lewis Carrol, 1832~1898]이 템즈 강으로 소풍을 떠났다가 어린 소녀들이 수학자이자 교수였던 루이스 캐럴에게 동화를 듣기를 바라면서 시작했다. 《이상한 나라의 앨리스》 속 주인공인 앨리스는 이 세 아이들 중 한 명이었다. 앨리스 리델[Alice Liddell]의 이름이 그대로 동화 속 주인공의 이름 앨리스가 된 것이다.

어린 소녀들의 부탁으로 루이스 캐럴은 보트의 노를 저으며 즉흥적으로 이야기를 꾸며내어 들려주기 시작한다. 즉흥적 이야기였기 때문에 루이스 캐럴은 자신을 도도새로 비유하여 등장시키기도 했다고 전해진다.

말하는 토끼를 따라 굴 속으로 들어가는 앨리스의 이야기는 앨리스가 책으로 써 달라고 졸라대자 《땅 속 나라의 앨리스》로 나오게 되었다. 그리고 후에 《이상한 나라의 앨리스》로 정식 출판되며 전 세계에서 사랑받는 동화가 되었다. 이 책은 특이하게도 과학자들과 수학자들이 사랑하는 동화로 알려져 있다. 당시 영국의 현실을 풍자와 해학으로 풀어내고 변주해 심리학, 정치학, 철학, 미술사학, 과학, 수학에 이르기까지 다양한 분야에서 지금도 연구가 진행 중인 동화이기도 하다.

아마 어린 아이들이 《이상한 나라의 앨리스》를 읽는다면 재미와 상상력을 풍부하게 보여주는 동화가 될 것이다. 그런데 《이상한 나라의 앨리스》에는 당시 영국 빅토리아 여왕시대와 산업혁명이 진행하여 급격하게 변화하던 사회상과 정치 등에 대한 풍자가 들어 있다. 그래서 패러디 문학이라고도 하며, 수학자였던 루이스 캐럴이 언어 유희 속에 수학적 지식을 숨겨 수학자들의 많은 관심을 일으킨다. 그중에는 여러분도 익숙한 수학 내용을 찾아볼 수 있을 것이다.

19세기 중반의 동화이니 만큼 지금은 당연하다고 생각하는 부분도 당시에는 신선하고 놀라운 이슈가 될 수 있었을 것이다. 사실 우리는 《이상한 나라의 앨리스》의 필명인 루이스 캐럴로 그를 알고 있지만 본명은 찰스 도지슨Charles Lutwidge Dodgson이라는 수학자이다. 따라서 《이상한 나라의 앨리스》에는 수학자였던 찰스 도지슨의 수학관도 엿볼 수 있다. 그중에는 사원수나 추상대수학, 비유클리드 수학 같은 당시 새롭게 등장하던 수학에 대해 보수적 입장과 전통수학자로서 이와 같은 수학적 연구에 대한 불만을 풍자로 전하고 있다.

우리가 동화나 영화로만 봤던 《이상한 나라의 앨리스》를 《수학나라 앨리스》로 만나는 동안 여러분은 《이상한 나라의 앨리스》를 다른 관점으로 볼 수 있게 될 것이다. 당장 이상한 나라의 앨리스에 얼마나 많은 수학이 숨어 있는지 그리고 엉터리처럼 보이던 어린아이의 말들 속에 현대 과학과 연결되는 이론이 숨어 있다는 것을 알게 될 것이다. 또 이해하기 힘들었던 단어와 발음을 이용한 언어유희와 터무니없어 보이던 이야기들이 사실 '넌센스'가 가득한 고차원의 상상의 나라였음을 알게 될 것이다. 이 책을 모두 보고나면 과연 앨리스가 만났던 그들이 이상한 세계의 이상한 생물들이기만 했을까 하는 새로운 시선을 갖게 될 수도 있다.

'이상한 나라의 앨리스 속 수학의 세계'에 오신 것을 환영한다.

contents

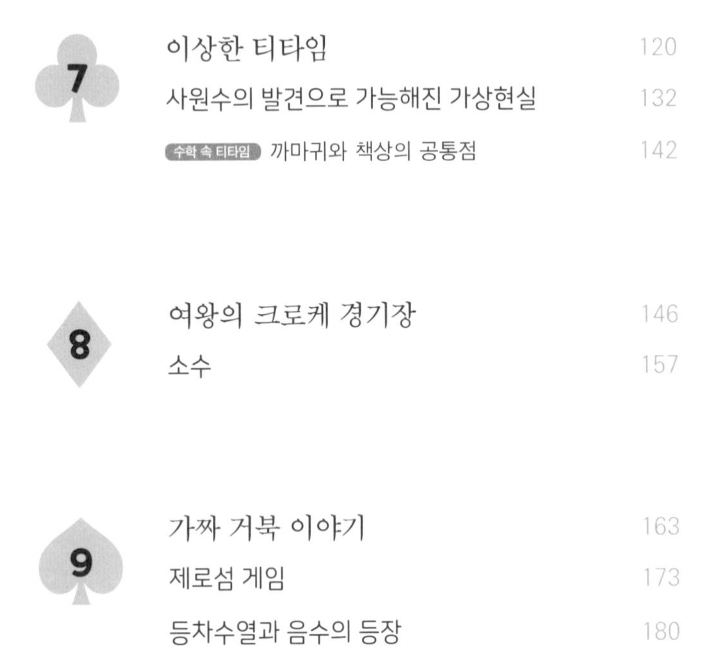

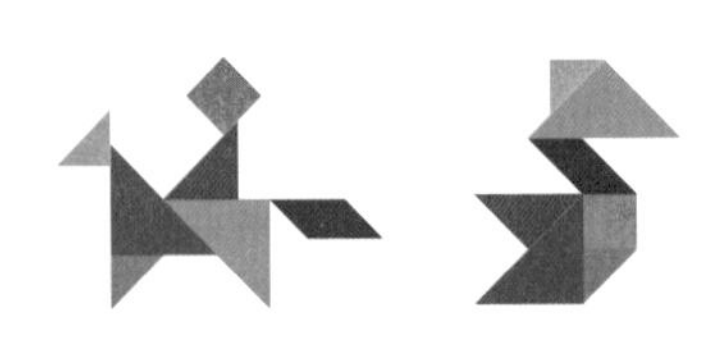

토끼굴 속으로

앨리스는 언덕에서 책을 읽고 있는 언니 옆에 앉아 있었다. 책만 읽는 언니 옆에 앉아 있기가 지겨워진 앨리스가 잠깐 졸고 있는데 갑자기 눈이 빨간 하얀 토끼가 앨리스의 옆을 달려가며 조끼 주머니에서 시계를 꺼내 보고는 중얼거렸다.

“이런 너무 늦겠는걸!”

허둥지둥 달려가는 토끼의 모습에 호기심이 생긴 앨리스는 토끼를 따라 달리기 시작했다.

토끼가 토끼굴로 들어가자 앨리스도 따라 들어갔다. 그런데 갑자기 발밑이 푹 꺼지더니 앨리스는 깊은 우물 같은 동굴로 떨어지기 시작했다.

깊은 우물은 그냥 깊은 게 아니라 '무척' 깊었다. 끝도 없는 듯이 보이는 우물을 내려가며 주위를 둘러보니 벽에는 찬장과 책꽂이, 지도, 그림들로 빼곡히 채워져 있었다. 앨리스는 선반 위에 놓여 있는 병을 들어 올렸다.

오렌지잼이라고 쓰여 있었지만 안은 비어 있었다. 병을 던지면 누군가 맞을까 걱정한 앨리스는 선반 위에 다시 빈 병을 올려 놓았다.

한참을 떨어지고 또 떨어지게 되자 앨리스는 궁금해졌다.

"지금까지 몇 마일이나 떨어졌을까? 지구 중심에 가까워졌다면 대략 4천 마일 정도 될 거 같은데……."

학교에서 위도와 경도가 무엇인지 배운 앨리스는 지금 상황에서 그런 생각을 하는 자신이 자랑스러워졌다.

"이렇게 계속 떨어지다 보면 지구를 뚫고 나가는 것은 아닐까? 아니면 누군가의 머리 위에 불쑥 나타나도 재밌을 거야. 그곳은 어쩜 극척지(대척점을 잘못 말한 것)일 거야…… 그럼 그 나라가 어딘지 물어봐야지. 아줌마, 여기는 호주인가요? 뉴질랜드인가요?"

(앨리스는 공중에서 떨어지고 있는 상황에 살짝 한쪽 다리를 빼고 무릎을 굽혀 인사하는 시늉을 했다.)

"다이너가 오늘 저녁 나를 찾을 텐데 귀여운 다이너에게 티타임에 우유를 줘야 하는데…… 다이너가 나랑 같이 있다면 좋을 텐데."

이제 앨리스는 졸리기 시작했다.

"다이너가 같이 있다면 쥐가 없어서 실망하겠지만 박쥐를 잡아먹으면 돼. 그런데 고양이가 박쥐를 잡아 먹을까? 아니면 박쥐가 고양이를 잡아먹을까?"

그러다 깜빡 잠이 든 앨리스는 꿈에서 다이너를 만났다.

"다이너, 너 박쥐 먹어본 적 있니?"

그 순간 앨리스는 마른 풀과 낙엽 더미 위에 떨어졌다.

앨리스는 벌떡 일어나 주위를 살펴보았다. 머리 위는 어두컴컴했고 앞에는 긴 길이 있었다. 그 길 위를 하얀 토끼가 바쁘게 뛰어가고 있었다. 앨리스는 토끼를 쫓아가기 시작했지만 모퉁이를 돌자 토끼는 사라지고 없었다. 대신 긴 방이 나타났다. 앨리스는 잠긴 문들을 열어보려고 했지만 열리지 않았다.

그때 앨리스의 눈에 황금열쇠가 놓여 있는 작은 탁사가 보였다. 앨리스는 황금열쇠로 잠긴 문들을 차례대로 열어보기 시작했다. 하지만 어떤 문도 열리지 않았다.

그때 낮은 커튼 뒤에도 문이 있는 것을 발견하고 열쇠로 돌리자 문이 열렸다. 쥐구멍만큼 작은 통로 뒤에는 생전 처음 보는 아름다운 정원이 있었다.

앨리스는 그곳에 가고 싶었지만 몸이 너무 컸다. 안타까운 마음으로 다시 탁자로 돌아오자 이번에는 작은 병이 놓여 있었다.

병에는 '마셔보세요'라고 커다랗게 쓰인 종이가 달려 있었다.

독극물일 수도 있어서 신중하게 병을 살펴본 뒤 독극물이라고 쓰인 글자가 안 보이자 앨리스는 한 모금 마셨다. 파인애플, 체리 파이, 칠면조 구이 등의 맛이 몽땅 섞인 맛있는 맛이었다.

"이상해. 내 몸이 줄어드는 것 같아."

정말 그랬다. 앨리스는 10인치(약 25cm) 정도로 줄어 있었다. 양초가 다 타버려 사라지 듯 자신도 점점 줄어서 사라지는 것이 아닐까 잠깐 걱정했지만 더 이상 줄어들지 않자 앨리스는 정원으로 나가보기로 했다.

그런데 황금열쇠를 탁자 위에 둔 것이 떠올랐다. 앨리스는 어떻게든 황금열쇠를 잡으려고 했지만 잡을 수가 없자 울음을 터뜨렸다.

한참을 울고난 앨리스는 마음을 다잡고 다시 일어났다. 그때 탁자 밑에서 작은 유리 상자를 발견했다.

상자 안에는 건포도로 '먹어 보세요'라고 쓰인 케이크가 들어 있었다. 앨리스는 케이크를 한입 먹고 커질지 작아질지 안절부절하며 기다렸다. 하지만 아무 일도 일어나지 않자 앨리스는 남은 케이크를 모두 먹어버렸다.

지구를 뚫고 반대의 지점에 도달하다!

대척점

제1장에서 앨리스는 토끼굴에 떨어진다. 그러고는 얼마나 어둡고 긴 추락을 하는지 묘사한다. 너무나 어두워서 빠지는 깊이에 대해 아는 바도 없고 짐작도 할 수 없다. 그러나 앨리스는 그 과정에서 계단에서 굴러 떨어지는 것은 이것에 비교할 바가 아닐 정도라고 생각한다. 동시에 지구의 중심으로 향하여 떨어진다고 생각한다.

앨리스는 6천 킬로미터까지 떨어지고 있을지

도 모른다고 생각하기도 한다. 그런 뒤 앨리스는 학교에서 과학 시간에 배운 학습내용을 적용시킨다. 계속 땅의 중심으로 떨어진다면 어떻게 될까? 이 와중에도 앨리스는 위도와 경도라는 용어를 생각하기도 하지만 계산방법은 모른다.

빅토리아 시대에 여성이 과학적 호기심을 갖는다는 것은 거의 금기시되었다. 그런데 작가는 앨리스를 통해 과학적 탐구력과 여러 가설을 구체적으로 제시하고 있다.

1865년《이상한 나라의 앨리스》가 발행된 후 당대의 많은 과학자들이 이 문제에 대해 논쟁했다. 그들은 소설 속 앨리스의 궁금증에 대해 토론했고 지구의 중심으로 떨어지면 어떤 현상이 일어날 것인지에 대해서도 의견이 분분했다. 하지만 당시의 과학력으로는 이에 대해 명확한 답을 찾을 수 없었다.

《이상한 나라의 앨리스》가 영국의 소설인 것에 반영한다면 위도와 경도를 고려했을 때 영국에서는 뉴질랜드 동쪽이 지구의 반대편이다. 영국에서 지구를 뚫고 나간다면 뉴질랜드 동쪽 바다로 다시 나올 것이다.

지구의 중심을 뚫고 지나가는 반대 지점을 대척점이라 한다. 앨리스는 지구의 중심을 뚫고 나가 다른 곳에 도착한다면 그곳이 뉴질랜드인지 호주인지 물어볼 것이라고 말한다. 이상한 나라의 앨리스는 상상의 동화였지만 과학적 고증이 잘되어 있으며 대척점을 거의 맞춘 것이다.

앨리스는 위도와 경도에 대해서도 의구심을 갖는데, 대척점에 이르면 위도와 경도는 반대가 되는 지점이다. 위도는 적도를 기준으로 그은 선으로 우리나라의 경우에는 위도가 33°에서 43°이다. 그리고 경도는 영국의 본초자오선을 기준으로 가로선으로 구할 수 있는데 오른쪽이면 동경, 왼쪽이면 서경이다.

우리나라는 동경 124°에서 132°이다. 위도와 경도를 간략히 평균으로 북위 37°, 동경 127°로 말하기도 한다. 우리나라와 대척점에 있는 나라는 우루과이이며, 우루과이 내륙에서 동쪽에 위치한 바다이다. 위도는 남위 37°, 서경 53°이다.

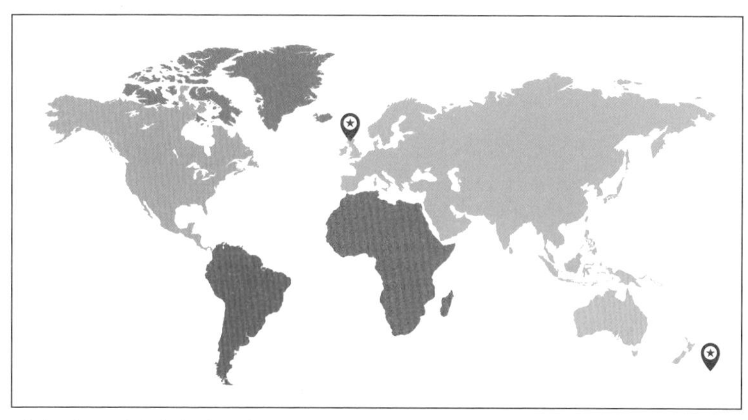

빨간 점은 대척점인 영국과 뉴질랜드 동쪽 바다이다. 이상한 나라의 앨리스에서는 대척점에 대한 앨리스의 예상이 맞았음을 보여준다.

앨리스는 지구를 뚫고 지구 반대쪽으로 빠져나와 사람들과 충돌했을 경우부터 자기가 알지 모르는 나라에 대한 여러 가지 상상을 한다. 그렇다면 앨리스의 걱정을 과학적으로 살펴보자.

아래로 계속 빠질수록 중력이 점점 더 약해지고 0에 수렴할 것이다. 그리고 다른 방향으로 튀어나온다면 중력은 점점 강해진다. 하지만 현실에서는 그런 일이 불가능하다. 이를 뒷받침하는 2개의 과학 현상이 있다. 하나는 공기의 저항이다. 공기의 저항은 운동하는 물체가 받는 공기의 압력이다. 결론적으로 공기의 저항으로 앨리스는 계속 추락하지 않고 지구의 중심에서 멈춘다. 그리고 공기의 압력은 속도의 제곱에 비례한다.

다른 하나는 코리올리의 힘이다. 코리올리의 힘은 전향력으로도 부른다.

코리올리 힘은 회전 좌표계의 운동 물체가 작용하는 겉보기힘으로 좌표계의 각속도를 Ω로, 물체의 속도를 v로, 위도를 ϕ로 하면 코리올리의 힘 $C=2v\Omega\sin\phi$로 나타낸다. 지구에서 코리올리의 힘은 위도의 크기에 비례하므로 극지방에서 최대이고, 적도 지방에서는 최소이며, 북쪽에서 적도지방으로 물체를 던지거나 발사했을 때 오른쪽으로 치우쳐 이동하는 것처럼 보인다. 남쪽에서도 적도지방으로 같은 실험을 하면 역시 왼쪽으로 치우쳐 이동하는 것처럼 보인다. 이때

움직이는 겉으로 보이는 힘이 코리올리 힘인 것이다.

코리올리의 힘 때문에 앨리스는 추락하여 대척점에 해당하는 지형으로 튀어나가더라도 그 구멍에 다시 들어가는 것을 반복하지 않을 것이다. 결국 공기의 저항과 코리올리의 힘으로 지구의 중심으로 추락하여 대척점으로 나오고 다시 들어가는 반복되는 현상은 불가능하다.

눈물 웅덩이

"어머나, 세상에……. 세상에서 가장 긴 망원경처럼 내 몸이 쑥 빠져 나오고 있어. 안녕 내 발아. 이제 누가 불쌍한 내 발에 양말이랑 신발을 신겨 줄까? 난 이제 너무 멀리 있어서 너희 일은 너희가 해야 해. 발에게 잘해줘야 하는데……."

앨리스는 곰곰이 생각했다.

"그렇지 않으면 내가 가고 싶은 곳으로 가지 않을지도 몰라. 아, 언제나 크리스마스가 되면 새 부츠를 사줘야지. 우체부를 시켜 배달해야겠어. 자기 발에게 선물 보내다니 정말 우스워. 주소도 참 웃길 거야."

그때 앨리스의 머리가 방 천장에 부딪쳤다. 앨리스의 키가 9피트(약 274cm)를 넘어선 것이다. 앨리스는 얼른 황금열쇠를 들고 정원 문 쪽으로 달려갔다.

아, 하지만 바닥에 누워 한쪽 눈으로만 겨우 정원을 볼 수 있을 정도라 앨리스는 그 자리에 주저앉아 다시 눈물을 터뜨렸다.

그리고는 계속 울었더니 앨리스 근처에는 4인치(약 10cm) 깊이의 웅덩이가 생겨났다.

그런데 잠시 뒤 멀리서 후다닥 뛰어오는 발자국 소리가 들렸다. 절망적인 상태였던 앨리스는 소리가 나는 쪽을 바라보았다.

그러자 하얀 토끼가 한 손에는 흰 가죽 장갑을 끼고 다른 손에는 커다란 부채를 든 채 멋지게 차려입고 오고 있었다.

"이런이런! 이렇게 기다리게 했으니 공작부인이 펄펄 뛰고 있을 거야."

하얀 토끼가 반가웠던 앨리스는 가늘게 떨리는 목소리로 말했다.

"여보세요!"

앨리스가 부르는 소리에 깜짝 놀란 토끼는 부채와 흰 가죽 장갑을 떨어뜨리고는 어둠 속으로 뛰어 도망가 버렸다.

방안이 무척 더웠던 앨리스는 토끼의 장갑과 부채를 들어 부채를 부치면서 중얼거렸다.

"오늘은 정말 이상한 날이야. 어제는 보통 때랑 같았는데 하룻밤 사이에 이렇게 달라지다니. 오늘 아침에 일어났을 때는 어땠더라. 기분이 좀 이상한 거 같기도 하지만 내가 정말 변했다면 지금 나는 누구지? 아 정말 모를 일이야!"

앨리스는 친구들을 떠올리며 현재 누군가와 바뀐 것은 아닌지 생각하기 시작했다.

"에이다는 긴 고수머리인데 난 그렇지 않으니 에이다로 바뀐 것은 분명 아니야. 메이블도 아니고. 난 아는 것이 많은데 그 애는 아무것도 모르는 멍청이거든. 그런데 내가 뭘 알고 있는지 알아봐야겠어. 사오는 십이, 사륙은 십삼…… 구구단은 중요한 것이 아냐. 지리나 해볼까? 파리의 수도는 런던, 로마의 수도는 파리, 로마는…… 아니야 모두 틀렸어. 난 메이블로 바뀐 게 틀림없어. 꼬마 악어의 노래나 외워볼까?"

앨리스는 수업시간이면 무릎에 살포시 손을 얹던 것처럼 앉아 시를 외워 보려고 했지만 쉰 목소리가 나올 뿐 단어들이 생각나지 않았다.

앨리스는 눈물을 왈칵 쏟아내기 시작했다.

"내가 정말 메이블이 되었나 봐. 그렇다면 난 여기에서 그냥 살 테야. 만약 사람들이 '얘야 어서 올라오렴!' 하고 말하면 '내가 누군데요. 만약 날 앨리스라고 부르지 않으면 언제까지고 올라가지 않을래요'라고 대답해야지. 누군가와 이야기라도 할 수 있으면 좋겠어. 혼자는 너무 지루해."

훌쩍이며 손을 내려다본 앨리스는 토끼가 떨어뜨리고 간 작은 흰 가죽 장갑 한짝이 자신의 손에 끼워져 있고 자신의 키가 작아진 것을 발견했다.

"언제 이렇게 작아졌지?"

앨리스는 벌떡 일어나 탁자로 가서 자신의 키를 재 보았다. 약 2피트(약 61cm)로 계속 작아지고 있었다.

앨리스는 자신의 키가 작아지고 있는 원인이 손에 쥐고 있는 부채임을 깨닫고 얼른 부채를 내던졌다.

"하마터면 내 몸이 아예 없어질 뻔했잖아."

갑작스럽게 몸이 바뀌어 겁이 났지만 그래도 자신이 남아 있는 것이 기뻤던 앨리스는 정원에 가려고 작은 문 쪽으로 뛰어갔다. 하지만 작은 문은 다시 잠겼고 황금열쇠는 탁자 위에 놓여 있었다.

“아, 더 나빠졌어. 이렇게 작아진 건 처음이라 정말 큰일났는데 어쩌지?”

당황하던 앨리스는 그만 발을 헛디뎌서 소금물에 첨벙 빠지고 말았다. 앨리스는 그 물이 바닷물인 줄 알고 딱 한 번 바닷가에 가본 기억을 떠올렸다. 하지만 곧 그 물이 자신이 9피트였을 때 흘린 눈물로 만들어진 웅덩이인 것을 깨달았다.

“그렇게 많이 울지 말 걸. 내가 너무 많이 울어서 내 눈물에 빠지는 벌을 받고 있다니 너무 이상해. 하긴 오늘 일어난 일 모두 이상해!”

눈물 웅덩이에서 빠져 나오기 위해 헤엄을 치던 앨리스는 첨벙거리는 소리를 듣고 그쪽으로 다가갔다.

하마라고 생각했던 앨리스는 곧 자신이 얼마나 작아졌는지를 떠올리고는 하마가 아니라 자신처럼 발을 헛디뎌 물에 빠진 쥐란 것을 알아챘다.

“쥐에게 말을 걸어도 될까? 이곳에서는 모든 것이 이상하니까 쥐도 말을 할 수 있을 거야. 손해 볼 것은 없으니까 말을 걸어보자.”

앨리스는 쥐에게 말을 걸었다.

“쥐야! 넌 이 웅덩이에서 빠져나가는 법을 알고 있니? 난 헤엄치기엔 너무 많이 지쳤어."

앨리스는 쥐와 이야기해본 적은 없지만 오빠의 라틴어 문법책에서 '쥐 – 쥐의 – 쥐에게 – 쥐 – 오! 쥐야'라고 쓰인 것을 읽은 적이 있어서 이렇게 말하는 것이 옳다고 생각했다.

쥐는 의아하다는 눈으로 앨리스를 쳐다봤다.

"영어를 못 알아듣는 것을 보면 정복왕 윌리엄을 따라온 프랑스 쥐인가?"

앨리스는 자신이 알고 있는 역사적 지식을 모두 떠올려 보려고 했지만 정확하게 기억할 수 있는 것이 없었다.

그래서 프랑스어 교과서의 맨 앞에 있는 문장을 말해 보았다.

"내 고양이는 어디에 있지?"

그러자 쥐가 새파랗게 질려 벌벌 떨기 시작했다.

"미안해 쥐야. 네가 고양이를 안 좋아하는 것을 잊었어."

"네가 나라면 고양이를 좋아할 수 있겠니?"

쥐가 성난 목소리로 말하자 앨리스는 달래듯이 말했다.

"아마 안 좋아할 거야. 놀라게 해서 미안해. 그렇지만 내 고양이 다이너는 정말 귀엽고 얌전하기 때문에 보여주고 싶어."

앨리스는 천천히 헤엄치며 말했다.

"다이너는 불가에 앉아 멋지게 가르릉거리고 앞발로 세수도 해. 정말 부드러운 털을 가지고 있고 재빨리 쥐를 잡을 수 있어.

아 미안."

쥐가 다시 털을 곤두세우는 것을 본 앨리스는 서둘러 이야깃거리를 바꾸었다.

"우리집 근처에 조그맣고 반짝이는 눈과 길고 곱슬거리는 갈색 털을 가진 정말 귀여운 테리어 강아지가 있어. 뭘 던지면 재빨리 물어오고 밥을 달라고 재롱을 부려. 정말 재주가 많은데 주인 아저씨가 그 강아지가 100파운드는 할 거라고 했어. 그리고 쥐란 쥐는 모두 잡아서 농작물을……."

신나서 강아지 이야기를 하던 앨리스는 멈칫 하더니 정신없이 도망치는 쥐에게 다시 사과했다.

"미안 널 괴롭히려던 것은 아니야. 다시는 개나 고양이 이야기를 하지 않을 테니 돌아와줘."

앨리스의 사과에 쥐가 천천히 헤엄쳐 오더니 떨리는 목소리로 말했다.

"뭍으로 나가자. 내가 왜 개와 고양이를 싫어하는지 이야기해 줄게."

앨리스가 주변을 보니 눈물 웅덩이 안에는 오리, 도도새, 붉은 앵무새, 새끼 독수리를 비롯해 신기한 동물들이 빠져 허우적대고 있었다.

앨리스가 웅덩이에서 나오자 동물들도 모두 물가로 기어 나왔다.

엉터리 구구단의 정체는 진법!

진법의 등장

제2장에는 엉터리 구구단 같은 것이 나온다. 키가 2m 74cm로 커진 앨리스는 자신의 동년배 친구 중 누구로 변했는지 생각해본다. 에이다를 제일 먼저 떠올리는데 에이다의 머리카락은 고수머리이므로 직모인 자신과는 다름을 알고, 전혀 아닐 것이라 생각한다. 다음으로는 메이블을 떠올리는데 자신은 유식한 편이지만 메이블은 아무것도 아는 것이 없기 때문에 메이블도 아닐 것

이라고 생각한다. 그리고는 메이블이 아님을 증명하기 위해 자신이 알고 있는 배운 것들을 확인하는데 그 안에 이상한 곱셈이 들어 있다. 하지만 우리가 보기에는 엉터리 곱셈구구였다.

4 곱하기 5는 12, 4 곱하기 6은 13, 4 곱하기 7은 14가 되는 희한한 계산법이었던 것이다. 그런데 이것은 실은 엉터리는 아니다. 이는 진법에 대한 것이다. 4 곱하기 5는 20이지만 이것은 10진법에서 말하는 것이며, 이것을 18진법으로 하면 12가 된다.

진법의 계산은 다음과 같다.

계산한 값 20과 진법 수 18을 다음처럼 나누어 1과 2를 연이어 읽으면 20은 $12_{(18)}$ 로 나타낼 수 있다.

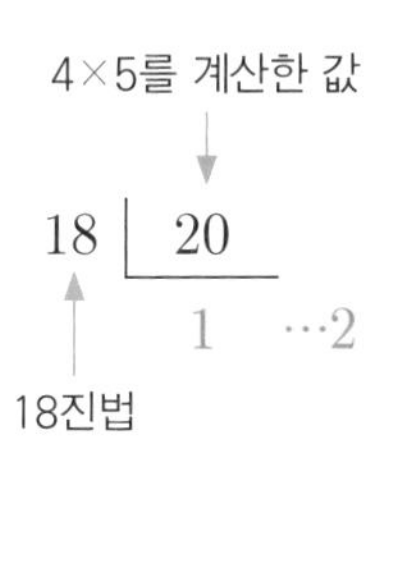

4 곱하기 6은 21진법으로 13이 나온다. 이것도 다음처럼 계산할 수 있다. 4에 곱하는 수

가 1씩 커질수록 진법은 3씩 커지는 규칙이다.

그리고 24는 $13_{(21)}$로 나타낼 수 있다.

이러한 방법으로 4 곱하기 7은 28이 아니라 24진법의 14가 된다. 이와 같은 방법으로 계산하면 4 곱하기 12는 39진법에 따라 19가 된다.

영국의 곱셈표는 '어떤 수×12'까지만 나오므로 19가 제일 높은 값이며 20에 도달하지 못하게 된다는 의미이다.

계속 계산했을 때 4×13은 52가 되는데, 42진법으로 나타내면 다음처럼 모순이 생긴다. 빨간 원 표시한 부분은 한 자릿수가 되어야 하는데, 두 자릿수이므로 42진법으로 나타낼 수 없다.

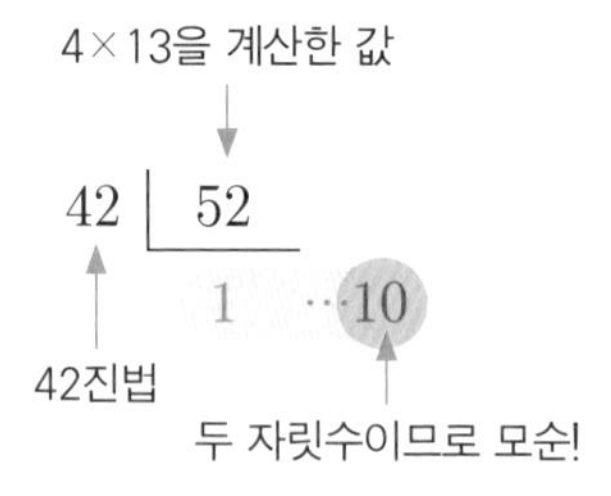

60진법을 발견한 수메르인

고대 문명부터 손가락 10개로 셈법을 기본으로 한 수학이 탄생했다. 그래서 우리에게 진법체계 중 하나인 10진법은 매우 익숙하다. 이처럼 10진법을 사용하면 되는데, 그들은 "왜 60진법을 사용했을까?"

기원전 4000년경보다 더 오래전부터 수메르인이 60진법을 사용한 이유는 아직 정확히 밝혀진 것이 없다. 수메르인이 남긴 유물에는 플림톤 322^Plimpton 332^라는 점토판이 있다. 이 점토판에는 60진법에 관한 많은 자료가 남아 있다. 그들이 바늘이나 쐐기로 점토판에 남긴 숫자는 지금도 여전히 많은 수수께끼에 쌓여 있다. 그리고 과거부터 현재까지도 많은 고고학자가 수메르인이 60진법을 사용한 이유에 대해 연구 중이다. 현재까지는 대다수의 학자들이 60의 약수에 그 이유가 있다고 보고 있다.

60의 약수를 생각하자. 60의 약수는 1, 2, 3, 4, 5, 6, 10, 12, 15, 20, 30, 60이다. 1과 60을 제외하고 그보다 작은 수는 2부터 30까지 10개인데, 물건을 2등분, 3등분, 4등분, …, 30등분으로 나누기에 용이한 숫자가

60이어서 그런 것이 아닐까 하는 의견이다.

또한 12는 예부터 '완전하다'를 상징하고 있는 것도 그 이유 중 하나가 아닐까 추측한다. 60의 약수의 개수는 12개이기 때문에 60의 약수의 개수가 '완전하다'는 의미를 갖는 것이다. 동양에선 10개의 천간과 12개의 지지를 차례대로 짝을 맞춰 육십갑자를 정해서 60년을 환갑으로 불렀다. 예를 들어 갑자년으로 시작하여 갑자년으로 되돌아오는 그 시간이 60년이 되는 것이다.

수메르인은 밤하늘을 관측하면서 1년이 365일인 과학적 사실을 발견하기도 했다. 단지 일의 자릿수에서 내림하여 1년을 360일로 계산했고, 360을 6으로 나누어 60진법을 사용한 것으로 예측하고 있다. 그러면 한 달도 $360 \div 12 = 30$(일)로 계산할 수 있다. 1시간이 60분인 것과 1분이 60초인 것은 60진법을 이용한 것이 일상생활에 얼마나 편리한지를 보여주기도 한다. 수메르인의 60진법에 따라 원이 360°인 것을 이용해 실용화한 것도 설명이 가능하다. 유럽은 중세에 이르러서야 10진법을 상용화한 것에 비한다면 수천 년을 앞선 수메르인이 이전에 이미 60진법의 편리성에 대해 알고 사용했다는 것이 매우 흥미롭다.

수학적 계산에 익숙했던 수메르인은 $\sqrt{2}$의 값도 점토판에 남겼다. 1, 24, 51, 10을 한 줄로 남겼는데 이를 60진법으로 적용하면 $1+\frac{24}{60}+\frac{51}{60^2}+\frac{10}{60^3}=1.4142\cdots$로 $\sqrt{2}$가 된다.

피타고라스의 정리에 대해 점토판에는 다음의 숫자 기록도 있다.

$$169:119:120$$
$$4825:3367:3456$$
$$6649:4601:4800$$

맨 윗줄의 169 : 119 : 120에서 169를 c, 119를 b, 120을 a로 하면 $c^2=a^2+b^2$이 성립한다. 나머지 2개의 비례식도 피타고라스의 정리가 성립한다.

코커스 경주와 긴 이야기

젖은 깃털이 땅에 끌려 지저분해진 새들과 몸에 착 달라붙은 젖은 털로 볼품 없는 모습의 동물들이 모두 기분 나쁜 얼굴로 한 곳에 모였다.

우선 몸부터 말려야 해서 모두 의논을 시작했다. 앨리스도 오랫동안 그들을 알고 지낸 듯이 이야기를 나누다가 붉은 앵무새와는 말다툼까지 하게 되었다.

"내가 너보다 훨씬 나이가 많아서 아는 것도 많아."

결국 붉은 앵무새는 나이가 많다고 고집을 피웠지만 나이를 말하지는 않아 이야기는 여기서 그쳤다.

한참 만에 그들 중 가장 권위가 있어 보이는 쥐가 말했다.

"모두 앉아. 내가 너희를 건조시켜 줄게."

몸을 빨리 말리지 않으면 감기가 들 것 같아 걱정스러웠던 앨리스도 앉아서 쥐를 바라보았다.

"모두 앉았지? 이건 내가 알고 있는 이야기 중 가장 건조한 이야기야. 정복왕 윌리엄은 교황의 도움을 받아 지도자를 필요로 했던 영국인들을 굴복시키고 정복과 노략질을 일삼았어. 머시아와 노섬브리아 왕국의 공작이었던 에드윈과 모카는……."

붉은 앵무새가 몸을 부르르 떨면서 말했다.

"에휴!"

그러자 쥐는 잔뜩 얼굴을 찌뿌리면서도 정중하게 물었다.

"네가 말했니?"

"아니, 내가 아냐."

붉은 앵무새가 시치미를 떼자 쥐는 다시 말을 이어갔다.

"네가 그런 줄 알았는데 아니라니 이야기를 계속할게. 머시아와 노섬브리아 왕국의 공작이었던 에드윈과 모카는 정복왕 윌리엄의 편을 들었어. 그리고 애국심에 불타던 캔터베리 대주교 스킨갠드도 보고…….”

“뭘 봤는데?”

오리가 묻자 쥐가 귀찮다는 듯 퉁명스럽게 말했다.

“그것을 봤다니까. 너도 그것이 뭔지 잘 알잖아.”

“내가 봤다면 그것이 뭔지 알겠지. 대개 그건 개구리나 물벌레지만 대주교가 본 그것은 뭔데?”

쥐는 오리의 말에 아랑곳하지 않고 서둘러 말을 이었다.

“에드거 애슬링과 윌리엄을 만나 윌리엄을 왕으로 모셨어. 윌리엄은 처음에는 나라를 무척 잘 다스렸지만 곧 노르만인 티를 내며 건방져졌고…… 이제 좀 건조해졌니?”

쥐가 앨리스를 돌아보며 물어보았다.

“여전히 축축해. 그 이야기는 전혀 나를 건조시켜주지 않아.”

실망한 목소리로 앨리스가 대답하자 도도새가 거드름을 피우며 말했다.

“여기서 회의를 끝내고 좀 더 즉각적이고 효과적인 방법을 수립하자.”

“거드름 피우려고 무슨 뜻인지도 모르는 말 그만 하고 쉬운 말로 해.”

꼬마 독수리가 짜증을 내자 다른 새들 몇 마리가 대놓고 키득거렸다.

"내 말은 몸을 건조시키는 데에는 코커스 경주가 가장 좋다는 거야."

앨리스는 코커스 경주가 궁금하지는 않았지만 질문해주길 기다리는 도도새에게 아무도 질문하지 않자 말했다.

"말로 설명하는 것보다 직접 해보는 것이 가장 좋아."

도도새는 이와 같이 말하며 땅에 커다란 동그라미를 그린 뒤 동물들을 중간중간에 세우고 무조건 달리라고 했다.

모두들 30분 정도 달리자 몸이 바짝 말랐고 도도새가 그만을 외쳤다.

동물들이 도도새를 둘러싸고 질문했다.

"대체 누가 이긴 거야?"

동물들이 조용히 앉아 대답을 기다리는 동안 손가락으로 관자놀이를 누르던 도도새가 드디어 입을 열었다.

"모두 다 이겼으니까 모두 상을 받아야 해."

"누가 상을 줄 거야?"

도도새가 앨리스를 가리키며 대답했다.

"물론 저 아이가 상을 줘야지."

"상을 줘, 상을 줘."

도도새의 말이 끝나자마자 앨리스를 둘러싼 동물들이 시끄럽게 떠들어댔다.

당황한 앨리스가 주머니에 손을 넣어보니 사탕 상자가 만져졌다.

앨리스는 한 동물당 1개의 사탕을 나눠줬다.

"저 애도 상을 받아야 해."

쥐가 앨리스를 가리키며 말하자 도도새도 엄숙한 표정으로 말했다.

"물론이야. 네 주머니에는 또 뭐가 있어?"

"골무 하나뿐이야."

슬픈 목소리로 앨리스가 대답하자 도도새는 앨리스에게 골무를 받아들었다.

"이 우아한 골무를 받아주시기 바랍니다."

도도새가 엄숙한 표정으로 말하자 모두들 신이 나서 소리쳤다.

앨리스는 이 상황이 어이없었지만 동물들이 너무나 진지해 차마 웃지 못하고 우아하게 인사를 하면서 골무를 받았다.

다음은 앨리스에게 받은 사탕을 먹을 차례였다.

큰 새들은 눈깔사탕이 입에 맞지 않는다고 투덜거렸고 작은 새들은 목에 걸려 등을 두드려줘야 했다.

모든 순서가 끝나자 동물들은 다시 둥그렇게 둘러앉아 쥐에게 이야기를 더 해달라고 졸랐다.

"네가 왜 고양이와 강아지를 싫어하는지 네 이야기를 해준다고 했잖아."

쥐가 다시 화를 낼까 걱정이 된 앨리스가 조심스럽게 말했다.

"무척 길고 매우 슬픈 이야기[tale]야."

"정말 꼬리[tail]가 길구나. 그런데 왜 꼬리가 슬픈 거야?"

앨리스가 이야기[tale]와 꼬리[tail]의 발음이 같아 쥐의 이야기를 잘못 알아듣고 쥐의 이야기를 이상하게 듣기 시작했다.

"넌 내 이야기를 듣지 않고 무슨 딴 생각을 하는 거야?"

쥐가 앨리스를 향해 화난 목소리로 고함치자 앨리스는 걱정스런 얼굴이 되었다.

"매듭이라니(아니다[not]과 매듭[knot]는 영어 발음이 같아서 앨리스는 또 잘못 들었다) 내가 풀어줄게."

"넌 나를 깔보고 있으니 그런 엉터리 같은 소리를 하는 거야."

화가 난 쥐가 벌떡 일어나 다른 곳으로 가버리자 동물들이 말했다.

"제발 돌아와서 마저 이야기를 해줘."

하지만 쥐는 그대로 떠나 버렸고 붉은 앵무새가 한숨을 푹 내쉬었다.

"여기에 있기 싫다니 정말 안타까워."

"다이너가 있다면 저 쥐를 당장 붙잡아 올 텐데."

앨리스가 말하자 붉은 앵무새가 물었다.

"다이너가 누군데?"

"내가 키우는 고양이인데 얼마나 쥐를 잘 잡는지 넌 도저히 상상이 안 될 거야. 내 고양이가 새를 잡는 것을 보면 너도 정말 좋아할 거야. 새가 눈에 보이기만 하면 재빨리 붙잡아서 꿀꺽 삼켜 버리거든."

앨리스의 말에 동물들이 술렁거리더니 새 몇 마리가 재빨리 사라졌고 카나리아도 아기 카나리아들을 불러 모아 사라졌다.

모두 이런저런 핑계를 대며 사라지자 앨리스는 슬픈 목소리로 중얼거렸다.

"다이너 이야기를 하지 말았어야 해. 이곳에서는 아무도 다이너를 좋아하지 않아. 세상에서 가장 귀여운 고양이 다이너를 다시 볼 수 있을까?"

너무 외롭고 슬퍼진 앨리스는 다시 울음을 터뜨렸다.

그때 발소리가 들리자 앨리스는 쥐가 돌아온 것이길 간절히 바라며 그쪽을 자세히 살펴보았다.

도르래에 매달린 원숭이 퍼즐

《이상한 나라의 앨리스》의 저자 루이스 캐럴은 수학자다. 그는 또한 다양한 퍼즐들을 발표했는데 그의 유명한 퍼즐 중 하나로 원숭이에 관한 퍼즐이 있다. 유명한 퍼즐학자 샘 로이드가 1893년에 〈다이어리Diary지〉에 소개했다. 물리와 관계된 퍼즐이기도 하므로 과학적 상상력도 발동해야 답을 제시할 수 있는 퍼즐이기도 하다.

마찰이 없는 도르래 왼쪽에 4.5kg의 추가 걸려 있고 오른쪽 로프에는 원숭이가 매달려 있다. "원숭이가 로프를 타고 기어가라면 추는 어떻게 될까?"라는 문제이다.

여러분도 풀어보자.

답은 223쪽에 있습니다

하얀 토끼가 꼬마 빌을 들여 보내다

하얀 토끼가 깡총깡총 뛰어오고 있는 발소리였다. 하얀 토끼는 주변을 초조하게 살피면서 끊임없이 중얼거렸다.

"공작부인이 날 사형에 처하고 말 거야. 이건 족제비가 족제비라는 것만큼 확실한 일이야. 아 그걸 대체 어디에 떨어뜨렸을까?"

앨리스는 하얀 토끼가 흰 장갑과 부채를 찾고 있다는 것을 알아차렸다. 그래서 장갑과 부채를 어디에 두었는지 두리번거리며 찾아보았지만 눈물 웅덩이에 빠지면서 유리 탁자와 작은 문이 있던 커다란 방이 사라져 모든 것이 변해 있었다.

하얀 토끼가 앨리스를 보더니 성난 목소리로 말했다.

"매리 앤! 지금 뭐하고 있는 거야? 당장 집에 가서 장갑과 부채를 가져 와 지금 당장!"

깜짝 놀란 앨리스는 매리 앤이 아니라고 변명도 못하고 토끼가 가리키는 쪽으로 달려가면서 중얼거렸다.

"내가 자기 하녀인 줄 아나 봐? 내가 누군지 알면 깜짝 놀라겠지만 먼저 장갑과 부채를 가져다주는 게 좋겠어."

앨리스는 하얀 토끼라고 쓰인 놋쇠 문패가 달린 집에 금방 도착했다. 진짜 매리 앤을 만나면 쫓겨날지도 몰라 노크도 하지 않고 재빨리 2층으로 올라간 앨리스는 작고 깔끔한 방으로 들어가 탁자 위에서 부채 하나와 흰 가죽 장갑들 중 하나를 찾아 방을 나서려고 했다. 그런데 거울 옆에 작은 병 하나가 눈에 들어왔다. '마셔보세요'라고 씌여 있지는 않았지만 앨리스는 코르크 뚜껑을 열고 마시기 시작했다.

"뭘 먹거나 마시면 언제나 재미있는 일이 일어났으니 이번에도 병에 든 것을 마셔봐야겠어. 다시 키가 커지면 좋겠어. 이렇게 작은 모습으로 있는 것도 지겨워."

앨리스가 병 안의 액체를 반도 마시기 전에 커지기 시작하더니 천장에 머리가 닿아 고개를 숙여야만 했다. 앨리스는 얼른 병을 내려놓았다.

"이 정도면 충분히 마신 거 같아. 더 이상 커지면 안 되는데 조금만 마실걸…… 벌써 문을 빠져나가기 힘들네."

앨리스는 계속 자라더니 곧 바닥에 무릎을 꿇고 한쪽 팔꿈치는 문에 대고 다른 팔로는 머리가 천장에 부딪치지 않도록 감싼 채 바닥에 드러누었다. 그러고도 계속 자라서 한쪽 팔은 창문 밖으로 내밀고 한쪽 발은 굴뚝 밖으로 내밀어야 했다. 가여운 앨리스!

천만다행으로 앨리스는 거기에서 더 크지는 않게 되었지만 불편한 상태에서 어떻게 밖으로 나갈 수 있을지 방법이 보이지 않았다.

슬픔에 잠긴 앨리스는 서글픈 목소리로 말했다.

"집에 있을 때가 좋았어. 툭하면 커졌다 작아졌다 하고 쥐와 토끼는 심부름을 시키질 않나…… 토끼굴로 따라가는 것이 아니었어. 그렇지만…… 이런 일도 재미있기는 해. 동화 속에서나 일어날 법한 일들 속에 내가 주인공이 되어 있잖아. 어딘가에는 내가 쓴 동화책이 있을 거야. 없으면 커서 내가 써야지. 아, 그런데 난 이미 다 컸잖아. 여기서는 이제 더 클 자리도 없고."

지금의 상황을 다시 생각해보며 앨리스는 스스로 대답했다.

"지금보다 더 늙지 않겠지? 영원히 늙지 않는 것도 꽤 괜찮을 거 같은데…… 아니 그럼 계속 공부해야 하는 거잖아. 그건 싫은데…… 아, 하지만 이 상태에서는 공부할 수가 없잖아. 제대로 앉아 있을 수도 없는데 어떻게 책을 놓고 공부할 수 있겠어?"

스스로 질문하고 답하던 앨리스는 밖에서 들리는 목소리에 귀를 기울였다.

"매리 앤! 매리 앤! 빨리 장갑 가져오라니까!"

그리고 계단을 올라오는 잰 발걸음 소리가 들려와 앨리스는 하얀 토끼가 자신을 찾고 있음을 깨닫고 겁에 질려 부들부들 몸을 떨기 시작했다.

토끼보다 1000배는 커진 자신의 몸을 까맣게 잊은 것이다.

토끼는 2층의 문을 열려고 했지만 앨리스의 발꿈치가 문을 꽉 누르고 있어 열리지가 않았다.

"문이 안 열리잖아. 어쩔 수 없지. 뒤로 가서 창문으로 들어가야지!"

앨리스는 토끼가 창문 아래로 오는 소리가 들리자 손바닥을 펼쳐 휘저었다. 그러자 작은 비명과 함께 누군가가 떨어져내리고 곧 유리창이 깨지는 소리가 들렸다.

아마도 오이 재배 온실에 토끼가 떨어진 모양이었다.

"팻! 팻! 어디 있는 거야? 빨리 여기에서 나를 꺼내 줘."

“사과를 캐고 있었어요 주인님.”

다시 온실이 깨지는 소리가 들렸다.

“유리창 밖으로 나와 있는 저건 뭐지?”

“팔이에요 주인님.”

“이! 바보야. 저렇게 창문에 꽉 차는 팔이 세상에 어딨어?”

“그건 그렇지만 저건 팔이 틀림없어요.”

“뭐든 상관없으니 빨리 끌어내.”

그러자 한동안 조용해지더니 속삭이는 소리가 들렸다.

“그건 곤란해요 주인님. 정말 곤란해요.”

“이런 겁쟁이. 시키는 대로 해.”

앨리스는 다시 손바닥을 쫙 펴서 휘저었다. 그러자 두 마디 비명 소리가 들리더니 유리 깨지는 소리가 아까보다 더 요란하게 들려왔다.

“저것들이 이제 무슨 짓을 할까? 제발 날 이 창문에서 끌어내려주면 좋겠는데…… 더 이상 이꼴로 여기 있기 싫어.”

다시 한동안 아무 소리도 들리지 않아 숨을 죽이고 기다리고 있자 작은 수레바퀴가 덜컹대는 소리와 함께 여렷이 웅성거리는 소리도 들려왔다.

"빌! 사다리를 이리 가져와. 이쪽 구석에 세워."

"사다리 두 개를 길게 묶어야겠어."

"아직 반도 안 닿았는걸!"

"지붕은 튼튼해? 무너지면 어떡하지?"

"누가 굴뚝으로 들어갈 거야?"

"난 싫어요. 무서워요. 빌더러 가라고 해요."

"빌! 주인님이 자네한테 내려가라고 하셔. 어서 굴뚝으로 들어가."

이들의 대화를 듣고 있던 앨리스는 중얼거렸다.

"이제 빌이 굴뚝 속으로 들어올 거야. 저런 모두 빌에게 일을 떠맡기려고 하네? 아무리 잘해줘도 난 빌처럼 당하고 있지는 않을 거야. 이 벽난로는 정말 좁지만 빌을 걷어차서 내보낼 수는 있을 거야."

앨리스는 굴뚝 속으로 발을 힘껏 밀어 넣고 빌이 굴뚝을 기어 내려오는 소리가 들릴 때까지 숨죽여 기다리다가 소리가 들리는 순간 힘껏 발을 뻗어 걷어찼다.

"저기 빌이 하늘로 날아간다!"

여러 명이 외치는 소리가 들려왔다.

"빨리 가서 빌을 받아. 저기 울타리 옆으로 떨어진다."

한동안 조용해진 후 다시 왁자지껄 떠들어대는 소리가 들리기 시작했다.

"고개를 받쳐 줘. 브랜디 좀 가져와."

"이봐 정신이 좀 들어? 어떻게 된 거야?"

"잘 모르겠어요. 이젠 훨씬 나아진 거 같아요. 고마워요. 갑자기 시커먼 바윗덩이 같은 것이 불쑥 튀어나와서 로켓을 쏘듯이 나를 공중으로 날려버린 것밖에 기억나지 않아요."

"그래 굉장히 잘 날더군."

그때 토끼가 말했다.

"집에 불을 질러야겠어. 다른 방법이 없잖아."

깜짝 놀란 앨리스는 힘껏 소리를 질렀다.

"그렇게 하면 다이너를 불러 너희들 모두 몽땅 다 잡을 거야!"

그러면서 속으로 생각했다.

'조금이라도 머리를 굴린다면 지붕을 뜯어내면 될 텐데. 이제 어쩔 셈이지?'

토끼의 목소리가 다시 들렸다.

"우선 한 수레만 해봐!"

'한 수레?'

앨리스가 무슨 일인지 궁금해하기도 전에 작은 조약돌들이 유리창 안으로 쏟아져 들어오더니 앨리스의 얼굴을 때렸다.

"내가 이것들을 가만두나 봐라!"

앨리스가 고함을 지르자 주변이 쥐죽은 듯 고요해졌다.

그리고 신기하게도 바닥에 떨어진 조약돌들이 모두 작은 케이크로 변해 있었다.

"이 케이크를 먹으면 틀림없이 작아질 거야."

멋진 생각이 떠오른 앨리스는 케이크 하나를 꿀꺽 삼켰다. 그러자 정말 신기하게도 키가 줄어들기 시작하더니 문을 빠져나갈 정도로 작아졌다.

앨리스가 밖으로 뛰쳐나오자 작은 동물들과 새들이 떼지어 있었다.

기니피그 두 마리가 불쌍한 꼬마 도마뱀 빌에게 병에 담긴 무언가를 먹이고 있었고 동물들은 문을 뛰쳐나온 앨리스에게 우르르 몰려 들었다.

앨리스는 그 동물들을 피해 뒤도 돌아보지 않고 울창한 숲으로 숨었다.

"가장 먼저 할 일은 원래의 내 키로 돌아가는 거야. 그 다음에는 아까 본 아름다운 정원을 찾아내는 것이고. 꼭 그래야만 해."

아주 멋진 생각이고 간단한 일처럼 보였지만 방법을 찾아야만 할 수 있는 일이었다.

앨리스는 나무들 사이를 두리번거리다가 머리 위에서 짖어대는 소리에 황급히 위를 올려다봤다.

엄청나게 큰 강아지가 커다랗고 동그란 눈으로 아래를 내려다보며 앞발로 앨리스를 잡으려고 했다.

"귀여워."

앨리스는 강아지를 달래다가 갑자기 배가 고픈 강아지일지도 모른다는 생각이 들었다.

만약 그렇다면 배고픈 강아지가 자신을 먹으려고 할지도 몰라 겁이 난 앨리스는 작은 막대기를 들어 강아지와 놀아주다가 강아지에게 밟힐 거 같으면 엉겅퀴 뒤로 숨었다.

강아지가 놀다가 지쳐 한쪽에 주저앉자 앨리스는 걸음아 나 살려라 하고 뛰어 달아났다.

땀을 식히기 위해 미나리아재비 이파리를 따서 부채삼아 부치며 앨리스는 말했다.

"무섭긴 하지만 정말 귀여운 강아지였어. 이렇게 작아지지만 않았으면 여러 가지 재주를 가르쳐주었을 텐데…… 아, 키를 원래대로 키워야 한다는 것을 깜빡할 뻔했어. 무엇을 먹어야 다시 키가 자랄까?"

어려운 수수께끼를 풀기 위해 근처의 꽃과 풀을 살펴보았지만 먹거나 마실 수 없어 보였다.

그때 앨리스만큼이나 큰 버섯이 보였다. 앨리스는 그 버섯의 위와 아래 양 옆을 살펴본 뒤 버섯 꼭대기에는 무엇이 있는지 살펴보려고 발뒤꿈치를 들었다.

그러자 그곳에는 태평스럽게 물담배(물을 담근 담배통에 걸러진 연기를 피우는 담배)를 피우고 있는 길고 파란 애벌레가 있었다.

탱그램

탱그램은 7개로 구성된 퍼즐조각을 나눈 다음 다시 조합하여 여러 모양으로 만드는 것이다. 18세기 초에 중국 청나라에서 고안된 것으로 알려져 있으나 이미 5,000여년 전부터 고대 중국에서 탱그램을 사용했다는 문헌이 발견된 것으로 보아 오랜 전통 놀이로 알려진다. 중국의 최초 왕조인 하나라가 기원전 2070년이었으니 아르키메데스[Archimedes, 기원전 287~212]나 피타고라스[Pythagoras, 기원전 569~475], 유클리드[Euclid, 기원전 330~275] 등의 저명한 수학자가 발견하기 훨씬 이전인 것이다. 아르키메데스는 탱그램에서 아이디어를 얻어 14가지 퍼즐조각으로 구성한 스토마키온을 고안했다. 피타고라스의 정리도 증명하는 그림의 아이디어의 원천은 탱그램이라고 수학자들은 추측하기도 한다. 탱그램은 고대 중국인 탱[Tang]이 떨어뜨린 정사각형 모양의 접시를 여러 조각으로 나누어 깨뜨려서 조합한 것을 기원으로 보는데, 중국의 광둥어 방언 중 중국인[Chinese]을 의미하는 탱[Tang]에서 유래했다는 속설도 있다.

탱그램은 우리나라도 전래되어 칠교놀이로 알려졌다.

탱그램을 완성하여 만드는 그림은 과일, 인물, 동물, 가구, 자연, 숫자, 문자 등 여러 가지이다. 원한다면 얼마든지 많은 모양으로 완성할 수 있다. 탱그램은 게임과 놀이로 많이 애용되었으며 지금도 놀이교구나 교육용으로도 많이 활용한다.

탱그램 조각으로 《이상한 나라의 앨리스》의 가짜 거북이와 그리핀을 나타낸 것.

탱그램에 관한 유명한 에피소드 중에는 나폴레옹의 이야기가 있다.

수학에 대해 관심이 많았던 나폴레옹은 유럽의 수학자들을 우대했다. 또한 평소 퍼즐이나 게임도 즐겼던 나폴레옹이 1815년 세인트 헬레나에 유배되었을 때 어떤 선장이 상아로 만든 칠교판을 선물했다고 한다. 그 후로 나폴레옹이 탱그램 매니아가 되었다는 소문도 전해진다.

추리작가인 에드거 앨런 포Edgar Allan Poe, 1809~1849도 탱그램 매니아였다고 한다. 그리고 《이상한 나라의 앨리스》의 작가 루이스 캐럴도 탱그램에 매우 관심이 많아 동화를 중심으로 스토리를 만들어내면서 탱그램 문제를 내기도 했다.

탱그램 중에는 패러독스도 유명하다. 아래 두 개의 그림을 보자.

탱그램의 그림판에서 대각선의 길이를 임의로 4로 정하면 각 도형의 가로, 세로 혹은 밑변, 높이를 차례대로 정할 수 있다. 그림은 다음과 같다.

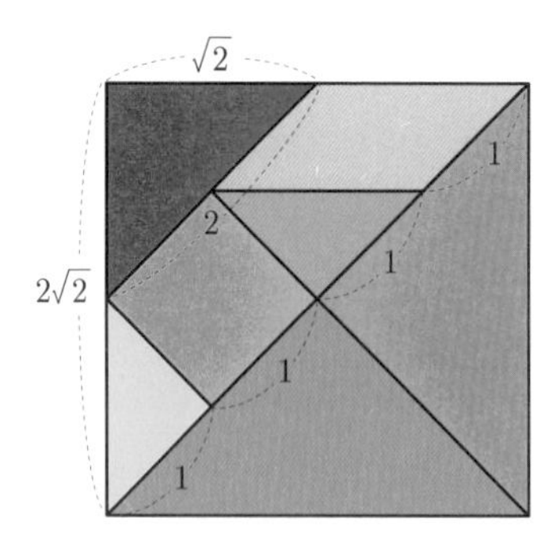

탱그램의 조각을 구성하는 도형은 직각이등변 삼각형과 정사각형, 평행사변형이므로 길이를 앞의 그림처럼 알 수 있다.

다음 그림은 동일한 탱그램 조각으로 구성했음에도 서로 다르게 보이는 예를 나타낸 것이다. (나)의 가운데 부분에 있는 흰 공간으로 인해 (가)보다 (나)가 더 넓어 보이며 따라서 둘은 서로 다른 넓이를 가진 것이 아닌가 하는 생각이 들 것이다.

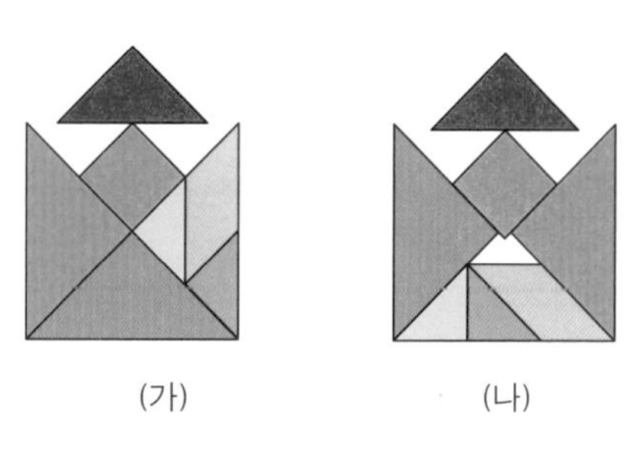

(가) (나)

이것은 착시일 뿐이다. 실제로 (가)의 밑변의 길이는 $2\sqrt{2}$이지만 (나)는 3이다. 밑변의 길이가 이처럼 근소한 차이가 나면서 (나)의 가운데 빈 공간이 생기는 것일 뿐 넓이는 같다.

우리나라에서는 칠교놀이로 불리는 탱그램은 수학의 도구로 환영받는다. 평면도형의 기본이 되는 7개의 다각형 조각으로 이루어진 탱그램을 활용해 배울 수 있는 수학 분야는 다양하다. 특히 기하교육에 매우 유용한 도구이며 왼쪽 이미지에서 알 수 있듯이 7개의 탱그램 조각으로 만들 수 있는 모양은 매우 많다.

애벌레의 충고

앨리스와 애벌레는 한동안 말없이 서로를 바라보았다. 마침내 애벌레가 나른한 목소리로 말했다.

"넌 누구니?"

대화를 시작하기엔 좋은 말은 아니라고 생각하면서도 앨리스는 조금 부끄러워하며 대답했다.

"저…… 지금은 제가 누군지 잘 모르겠어요. 아

침에는 제가 누군지 알았지만 그 뒤로 여러 번 바뀌어서 이젠 제가 누군지 알 수가 없어요."

"무슨 소리야? 넌 대체 누군데?"

"죄송하지만 저도 제가 누군지 잘 몰라요. 원래의 제가 아니거든요."

애벌레의 짜증 섞인 목소리에 앨리스가 풀이 죽어 말했다.

"무슨 말인지 전혀 모르겠어."

"분명하게 대답하지 못해 죄송해요. 그런데 저도 저를 제대로 알 수가 없어요. 하루에도 몇 번씩 커졌다가 작아졌다가 해서 정신이 하나도 없어요."

"그렇지 않아."

"무슨 말인지 잘 모르는 거 같은데 당신도 번데기가 되었다가 나방이 되면 정신 없을 거예요."

"아니 전혀 그렇지 않아."

"그렇다면 당신은 저와 다른가 봐요. 누구라도 그럴 때는 정신 없을 거 같은데요. 그런데 당신이 누구인지 밝히는 것이 도리라고 생각하지 않나요?"

"어째서?"

계속 똑같은 말을 되풀이하던 앨리스는 거만한 태도로 말을 끊어대는 애벌레에게 화가 치밀어 올랐다.

그리고 더 이상 말할 필요가 없는 듯해서 등을 돌려 걸어가기 시작했다.

그러자 애벌레가 앨리스를 불렀다.

"돌아와!"

앨리스는 애벌레에게 다시 돌아왔다.

"화내면 안 돼."

"겨우 그 말 하려고 다시 부른 거예요?"

"아니야."

달리 할 일이 없었던 앨리스는 애벌레가 무슨 말이든 하기를 기다렸다. 물담배만 빼끔거리던 애벌레는 한참이 지나서야 팔짱을 풀고 말하기 시작했다.

"넌 네 자신이 바뀌었다고 생각한다는 거지?"

"걱정스럽게도 그래요. 전에 알던 것들도 생각이 나지 않고…… 10분만에 몸이 커졌다가 작아지기도 하고요."

"뭐가 생각나지 않는다고?"

금방이라도 울 것 같은 얼굴로 앨리스는 대답했다.

"꼬마 빌의 노래를 외우려고 했더니 새끼 악어의 노래가 되어버렸어요."

"그럼 '이젠 늙으셨어요 신부님'을 외워 봐."

앨리스가 애벌레의 말대로 '이젠 늙으셨어요 신부님'을 외우기 시작했다.

"틀렸어. 그게 아니야."

"죄송해요. 단어가 몇 개 바뀐 거 같아요."

"무슨 소리야, 처음부터 끝까지 모두 틀렸어."

앨리스와 애벌레는 입을 다문 채 한동안 침묵했다. 그러다가 애벌레가 말했다.

"키를 얼마나 키우고 싶은 거야?"

"얼마나 되든지 상관없어요. 자기 몸이 자꾸 바뀌는 것을 좋아할 사람이 누가 있겠어요?"

"몰라."

애벌레가 투명스럽게 대답하자 앨리스는 이렇게 대화가 안 되는 상대는 처음이라는 생각을 하며 화가 나 아무 말도 하지 않았다.

"지금의 키는 어때?"

"조금 더 컸으면 좋겠어요. 키가 3인치(약 7.6cm)밖에 안 된다는 것은 정말 속상한 일이거든요."

앨리스의 대답에 3인치의 키를 가진 애벌레가 벌컥 화를 냈다.

"쓸데없는 소리 마. 아주 좋은 키야."

“하지만 이 작은 키는 동물들에게 공격받을 수도 있어 불안해요.”

애처로운 앨리스의 말에 애벌레는 다시 물담배를 피우며 말했다.

“머지않아 익숙해질 거야.”

앨리스는 애벌레가 다시 말을 할 때까지 조용히 기다렸다.

애벌레가 물담배통을 떼어내고 하품을 한 뒤 몸을 부르르 떨더니 버섯에서 내려와 서서히 기어가며 말했다.

“한쪽은 커질 거고 다른 쪽은 작아질 거야. 크기야 어찌 됐든, 비율이 중요하니 몸의 비례를 유지해.”

‘무엇의 한쪽과 다른 쪽일까?’

앨리스가 속으로 생각하고 있자 애벌레가 말했다.

“버섯 말이야!”

애벌레가 숲속으로 사라져버리자 앨리스는 애벌레가 있던 버섯을 살펴보기 시작했다. 하지만 동그란 버섯은 어느 쪽이 어느 쪽인지 알 수가 없었다.

앨리스는 고민하다가 양 팔을 활짝 벌려 버섯의 몸통을 껴안은 다음 오른손과 왼손에 잡히는 버섯의 가장자리를 뜯어냈다.

“이렇게 하면 어느 쪽이 어느 쪽인지 알 수 있을 거야.”

앨리스는 우선 오른손의 버섯을 조금 먹어봤다. 그러자 앨리스의 턱이 눈깜짝할 사이에 아래로 내려가더니 발에 부딪치고 말았다. 당황한 앨리스는 왼손의 버섯을 가까스로 입에 넣었다.

그러자 이번에는 저 멀리에 푸른 바다처럼 펼쳐진 푸른 숲이 보이는 것이었다.

"저 아래 펼쳐진 푸른 것들은 뭐지? 내 어깨는 어디에 있는 거야? 불쌍한 내 손은 왜 보이지 않는 거지?"

앨리스가 머리를 숙이자 뱀처럼 유연한 목을 구부릴 수 있었다. 하지만 머리를 잘못 들이미는 바람에 나뭇가지에 부딪쳤다. 그러자 나뭇가지 위 둥지에 앉아 있던 커다란 비둘기가 달려들었다.

"더러운 뱀아, 썩 물러가!"

"난 뱀이 아냐!"

"뱀이 아니라고?"

화가 나서 소리친 앨리스에게 조금 누그러진 목소리로 비둘기가 물었다. 그러더니 울먹거리며 말했다.

"아무리 찾아봐도 적당한 곳이 없어. 나무 뿌리, 언덕 위, 강둑 모두 찾아봤지만 어디에나 망할놈의 뱀, 뱀, 뱀이 있어서 뱀을 피할 방법이 없어."

비둘기는 치가 떨리는 듯 부르르 몸을 떨며 말했다.

"어디에나 숨어 있는 뱀이란 놈을 지키느라 3주 동안 잠도 제대로 못 잤어."

"무척 고생이 많았구나. 안 됐다."

"그래서 제일 높은 곳에 앉아 알을 품고 있었는데 여기까지는 뱀이 오지 못할 줄 알았더니 천벌을 받을 뱀이 하늘에서 구불구불 기어내려오네."

"난 뱀이 아니라고!"

앨리스는 비둘기에게 고함을 지르다가 갑자기 자신이 뱀이 된 것은 아닌지 혼란스러워졌다.

"그럼 넌 뭐야? 거짓말하는 거 다 알아."

"난…… 나는 어린 여자애일 뿐이야."

"그럴 듯한 말이네. 하지만 난 수많은 여자애를 만났지만 너처럼 목이 긴 아이는 본 적 없어. 그러니 난 속지 않아. 넌 뱀이야. 넌 새알 같은 것은 입에 대본 적도 없다고 할 거야."

"난 달걀 같은 거 많이 먹어봤어. 다른 애들도 달걀 많이 먹어."

"거짓말. 그럼 다른 여자애들도 뱀이랑 비슷한 동물이잖아. 넌 새알을 찾고 있는 거지? 네가 계집아이든 뱀이든 중요하지 않아. 네가 새알을 찾고 있었다는 것이 나에겐 중요해."

"난 새알을 좋아하지만 네 알을 먹지는 않아. 난 새알을 날 것으로 먹지 않거든."

"그렇다면 썩 꺼져버려."

비둘기가 다시 새 둥지 위에서 알을 품자 앨리스는 조심스럽게 고개를 숙인 뒤 덤불 속을 헤매다가 양손에 버섯을 쥐고 있는 것을 깨달았다.

앨리스는 양손의 버섯을 조금씩 먹으며 커졌다가 작아졌다를 반복하면서 마침내 원래의 키로 돌아왔다.

오랜만에 자신의 키로 돌아오자 앨리스는 조금 어색했지만 곧 적응했다.

"이제 내 계획 중 절반이 이루어졌어. 원래의 내 키로 돌아왔으니 아름다운 정원으로 가볼까? 그러면 어디로 가야 할까?"

중얼거리며 앨리스가 걸어가는 동안 탁 트인 들판이 나타나더니 그 앞에 4피트(약 1.2m) 정도 되는 집이 보였다.

'저 집에 누가 살든 이렇게 큰 나를 보면 놀랄 거야.'

앨리스는 다시 버섯을 조금씩 뜯어 먹어 키를 9인치(약 22.9cm)로 줄였다.

앨리스의 키에 대한 수학적 고찰

극한

제1장에서 앨리스는 '나를 마셔요!'라고 쓰여 있는 병을 마셔서 약 25cm가 되었다. 앨리스의 키가 작아진 것이다.

제2장에서는 케이크를 먹었더니 키가 3m가 넘도록 커졌다. 그 상태에서 앨리스가 울음을 터뜨리자 흘러내린 눈물은 작은 물 웅덩이가 되었다. 계속해서 앨리스는 약 60cm로 줄어들었다. 그러자 앨리스가 3m의 거인이 되었을 때 흘린 눈

물이 앨리스를 물속에 빠뜨리는 결과를 가져왔다. 커졌을 때 흘린 눈물이 작아지니 바다로 느껴질 정도로 커다랗게 다가와 큰 위협을 주게 된 것이다.

제4장에서는 아무것도 쓰여 있지 않은 물병을 호기심에 마셨더니 머리가 천장에 닿을 만큼 키가 커졌다. 물병의 반만 마셨음에도 순식간에 커져가자 앨리스는 계속 커지면 어떡하나 하고 걱정했지만 약의 효능이 다했는지 머리를 숙이고 드러누울 정도에서 자라는 것이 멈춘다. 앨리스는 토끼와 토끼의 하인들의 공격으로 쏟아진 자갈이 케이크가 되자 그 케이크를 먹고 다시 약 7.5cm로 줄어든다.

제5장에서 앨리스는 파란 애벌레가 앉았던 버섯을 뜯어먹는 데 오른손에 든 버섯을 먹으니 턱이 발밑으로 내려간다. 다시 왼손에 든 버섯을 뜯어먹으니 어깨가 보이지 않을 정도로 목이 길어지게 된다.

긴 목으로 인해 비둘기에게 뱀으로 오해를 당했던 앨리스는 양손의 버섯을 번갈아 먹으며 정상적인 키로 돌아온다.

바람 중 하나를 이룬 앨리스는 탁 트인 공터로 나오다가 1m 정도 되는 작은 집을 발견하자 그 집에 들어가기 위해 버섯의 남은 부분으로 먹고 약 30cm로 키를 줄였다.

계속해서 앨리스는 제6장에서는 3월의 토끼가 있는 집으로 가기 위해 왼손의 버섯을 먹고 약 60cm가 된다. 제7장에서는 이상한 티타임을 벗어난 후 문이 달린 나무에 들어가려고 버섯을 먹고 약 30cm가 된다. 제12장에는 재판정 앞에서 일어설 때 키가 약 1.61km가 된다. 재판 도중에도 키는 계속 자란다.

앨리스의 키는 《이상한 나라의 앨리스》 동화 전체에서 10여 차례 정도 변화를 보인다. 키가 한없이 커지다가 멈추거나 한없이 작아지다가 멈추는 것이다. 한없이 커지거나 작아지는 것은 무한인데, 멈추게 되면 그것은 극한으로 정해진다.

앨리스의 키는 동화에 정확히 나오지 않는다. 만 7세 정도이므로 대략 110cm정도였을 것으로 예상할 뿐이다.

제1장에서 110cm에서 25cm로 줄어드는 장면을 떠올려 보자. 110cm에서 무한으로 작아질 것으로 생각했지만 25cm에 근접한 후 멈춘다. 따라서 25cm가 바로 극한이다. 제2장에서 3m를 초과할 때의 키도 정확한 수치는 나오지 않았지만 극한이 정해진 것이다.

무한과 극한에 대하여

무한은 오랫동안 수학자들을 괴롭힌 하나의 난제로 볼 수 있다. 엄청나게 큰 것과 작은 것에 대한 수학이기 때문이다. 아리스토텔레스Aristoteles, 기원전 384~322는 "무한은 잠재적으로 존재하지 현실적으로 존재하지 않는다"라고 했다. 우리가 볼 수 있는 물체는 무한히 작거나 무한히 클 수가 없다. 그렇기에 아리스토텔레스가 얘기한 것처럼 무한은 잠재적인 것으로 생각했다. 세상은 유한한 크기나 숫자의 물체만이 존재한다고 생각한 것이다. 그리스가 고대수학을 선도할 때도 무한을 생각하는 것은 금기시 되었다.

피타고라스학파는 피타고라스의 명언처럼 "수는 만물의 근원이다"라고 생각해 유리수만 존재하기 때문에 무리수는 존재한다고 생각하지 않았다. 그러나 현실적으로 무리수 $\sqrt{2}$는 소숫점으로 떨어지지 않는 1.41421356237309…로 무한하게 전개하는 수이다. 그 끝을 알 수도 없으며 단지 근삿값으로 약 1.41보다 크고 1.42보다 작은 수로 생각한다. 즉 $\sqrt{2}$는 1.41에 수렴하는 어림값으로 생각할 수 있으므로 1.5와 비교했을 때 더 작은 수가 된다. 그러면서도 도형의 길이로 정확히 계산이 되지 않아서 무리수는 더 이상 수로써 인정받기 어려웠다. 예를 들면 피타고라스의 정리를 이용하여 한 변의 길이가 1인 직각이등변삼각형을 보자. 빗변의 길이는 피타고라스의 정리에 의해 $\sqrt{2}$가 된다.

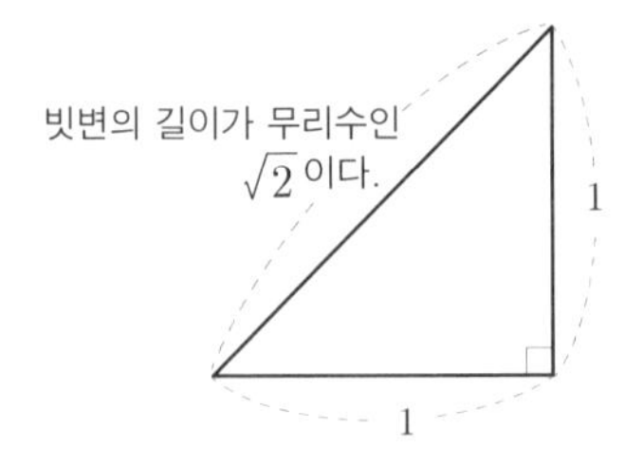

피타고라스의 정리에 의해 $1^2+1^2=$(빗변의 길이)^{2}을 풀면 (빗변의 길이)$=\sqrt{2}$이다. 피타고라스학파에게는 매우 큰 파장이었다. 그러면서도 피타고라스학파는 서약을 통해 비밀에 붙이자고 약속했다. 그러나 히파수스Hippasus, 기원전 530~450는 서약을 깨고 세상에 무리수를 알리다가 동료들이 물에 빠트려 익사시켰다는 이야기가 전해진다.

이처럼 금기시되던 무리수에 대한 이론을 유클리드는《원론》에서 정립했다.

무한에 대한 유명한 역설이 있다. 그리스의 엘레아 지방의 철학자 제논Zenon, 기원전 490~430의 역설 중 하나인 화살의 역설이다. 시간은 최소의 단위 '순간'으로 구성된다. 그래서 생각한 것이 화살을 잘 쏘는 궁수가 화살을 쏘았을 때 순간의 시간이 흘러 거리의 $\frac{1}{2}$을 날아가면 어느 시간 후에 나머지 절반인 $\frac{1}{4}$을 날아가고, 그 다음은 어느 순간을 지나 나머지 절반인 $\frac{1}{8}$을 날아가고… 이것이 계속 반복되면 화살은 결코 과녁에 도달하지 못한다는 것이다. 그러나 현실에서도 화살은 과녁에 도달하지 못할까? 우리는 당연히 궁수가 과

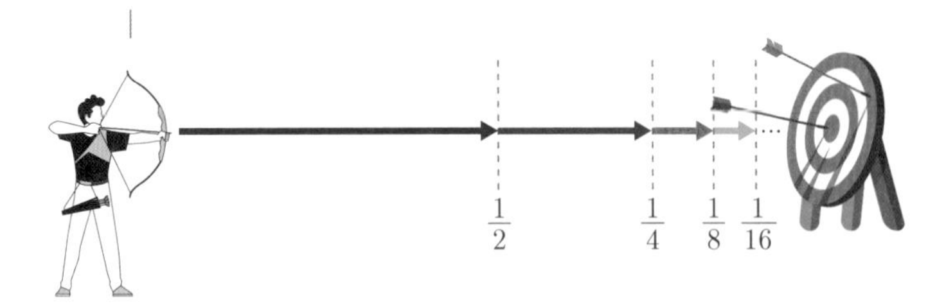

과연 궁수는 화살을 과녁에 맞힐 수 있을까?

녁에 화살을 맞춘다는 것을 안다.

화살이 순간마다 나아간 거리를 모둔 더한 식을 나타내면 $\frac{1}{2}+\frac{1}{4}+\frac{1}{8}+\frac{1}{16}+\cdots$ 이다. "분명 무한등비급수인데 답이 있을까?"하고 충분히 의심할 수 있지만 궁수와 과녁까지의 거리 단위를 1로 정할 때 모든 합은 1이 된다. 바로 1이 극한이다. 즉 $\frac{1}{2}+\frac{1}{4}+\frac{1}{8}+\frac{1}{16}+\cdots=1$이 되어 극한도 알 수 있고, 화살의 역설은 틀린 것임을 알 수 있다. 무한에서 유한으로 규명되는 순간이다.

한편 19세기에 데데킨트Richard Dedekind, 1831~1916는 유리수보다 무리수가 더 많음을 증명했으며, 실수는 유리수와 무리수의 집합으로 이루어졌음을 확인했다. 수직선은 유리수로만 채울 수 없기에 무리수를 채우면 연속체를 만족한다는 것을 증명한 것이다.

무한을 생각하는 중에 여러분이 알만한 무리수는 지름에 대한 원의 둘레의 비인 원주율 π일 것이다. 아직도 어떤 규칙 없이 3.141592653589793238462643383…로 끝없이 전개되며 우리는 약 3.14로 기억한다.

아르키메데스는 원에 내접한 다각형과 외접한 다각형을 이용해 원주율을 계산했다. 반지름의 길이(r)를 1로 하면 가장 작은 다각형인 정삼각형부터 내접하는 다각형과 외접하는 다각형으로 길이를 구할 수 있다. 그리고 그 두 개의 길이를 지름의 길이인 2로 나누면 범위를 알 수 있다.

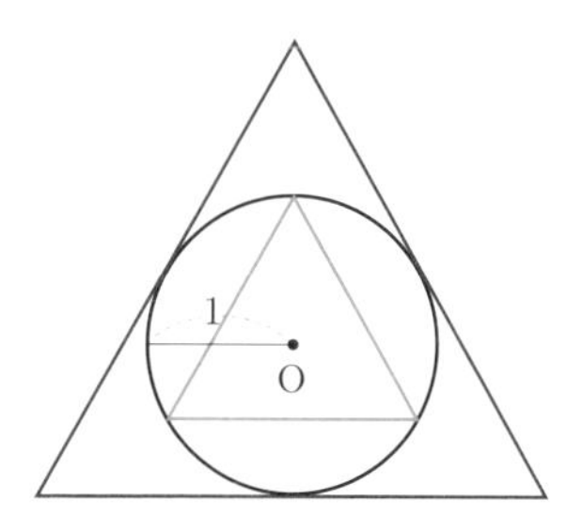

정삼각형의 내접과 외접을 이용해 원주율을 구할 때 사용한 그림.

위의 그림처럼 내접과 외접하는 삼각형을 이용

해 삼각함수를 이용해 원주율을 계산할 수 있다. 처음에는 원주율의 범위가 약 2.598076211와 약 5.196152423이 된다. 그러나 정사각형부터 조금 더 범위가 좁아지며, 정구십육각형부터는 원주율의 범위가 약 3.14가 된다. 아르키메데스는 원주율의 범위가 $3\frac{10}{71}$보다 크고 $3\frac{1}{7}$보다 작다고 하여 약 3.14의 원주율을 구할 수 있었다. 다음표를 살펴보면 정다각형의 변의 수가 많아질

n	내접하는 정n각형의 둘레	외접하는 정n각형의 둘레	$\frac{A}{2}$	$\frac{B}{2}$
3	5.196152423	10.39230485	2.598076211	5.196152423
4	5.656854249	8	2.828427125	4
5	5.877852523	7.26542528	2.938926261	3.63271264
6	6	6.92820323	3	3.464101615
12	6.211657082	6.430780618	3.105828541	3.215390309
24	6.265257227	6.319319884	3.132628613	3.159659942
48	6.278700406	6.29217243	3.139350203	3.146086215
96	6.282063902	6.285429199	3.141031951	3.1427146
192	6.282904945	6.2837461	3.141452472	3.14187305
384	6.283115216	6.283325494	3.141557608	3.141662747
768	6.283167784	6.283220353	3.141583892	3.141610177
1536	6.283180926	6.283194069	3.141590463	3.141597034

수록 원주율의 범위가 더 정확해지는 것을 알 수 있다.

정다각형의 둘레에 관한 표에서 오른쪽의 $\frac{A}{2}$와 $\frac{B}{2}$는 지름에 대한 둘레를 의미한다. 정이십사각형부터 이미 원주율이 약 3.13과 약 3.15 사이의 범위에 존재하므로 약 3.14에 근접하다고 추정할 수도 있다. 정다각형의 변의 수가 더 많을수록 약 3.14에 수렴한다.

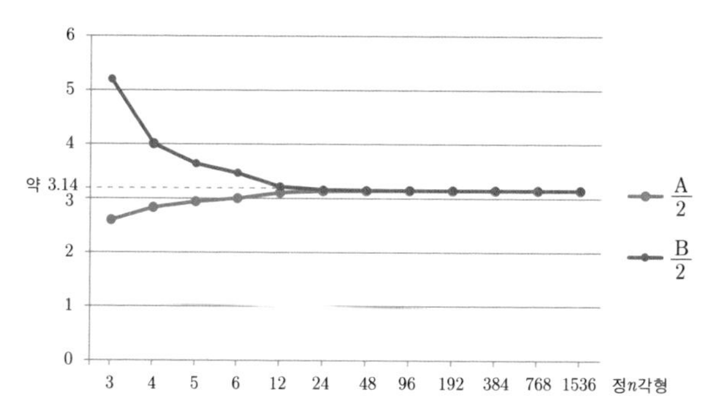

정다각형에 따른 원주율의 변화를 나타낸 표.정다각형의 변의 수가 많을수록 3.14에 근접한 것을 알 수 있다.

그러나 아르키메데스가 원주율을 발견했을 때는 무한에 대한 개념이 정립이 되지 않아 원주율 π가 무한인지는 알지 못했다. 원주율이 무리수인지 증명하기가 어려웠다. 지금은 원에 내접하는 정다각형의 둘레를 구하는 공식을 $2nr\sin\left(\frac{\pi}{n}\right)$를 이용해 풀 수 있다. 그리고 원에 외접하는 정다각형의 둘레를 구하는 공식을 $2nr\tan\left(\frac{\pi}{n}\right)$으로 구할 수 있다.

수학자 람베르트Johann Heinrich Lambert, 1728~1777는 1768년 원주율이 무리수임을 증명했다. 그러나 아직도 어떤 규칙이 있는지 밝히지 못하는 무질서하게 숫자가 나열되는 미지의 수이기도 하다.

아르키메데스는 기원전 287년~212년까지 살았던 수학자이다. 실진법을 통해 엄밀하게 도형의 넓이와 부피를 근삿값으로 구할 수 있었다. 그러한 와중에 무한에 대해 접근도 했다.

아르키메데스가 포물선의 넓이를 실진법으로 적용한 그림은 다음과 같다.

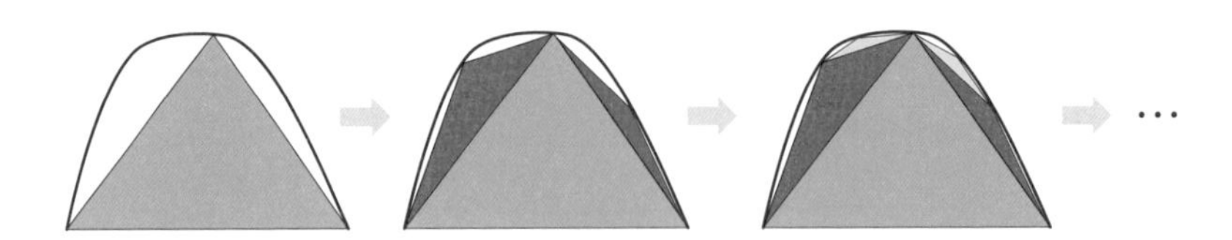

포물선의 넓이를 구하기 위해서는 처음에는 초록색 삼각형 조각을 채운다. 그 다음에는 빨간색 삼각형 조각 2개를 채운다. 그 다음에는 노란색 삼각형 조각 2개를 채운다. 계속 포물선의 넓이를 구하기 위해 무한대로 넣는다고 가정한다. 처음 초록색 삼각형 조각의 넓이를 1로 정하면 빨간색 삼각형 조각 2개의 합은 $\frac{1}{4}$이다. 노란색 삼각형 조각도 빨간색 삼각형 조각의 $\frac{1}{4}$이다.

그러면 무한등비급수를 적용하여 $1+\frac{1}{4}+\left(\frac{1}{4}\right)^2+\left(\frac{1}{4}\right)^3+\cdots$를 계산하면 된다. 등비가 $\frac{1}{4}$이고, 초항이 1이므로 $\frac{a_1}{1-r}=\frac{1}{1-\frac{1}{4}}=\frac{4}{3}$이다. 따라서 포물선의 넓이도 무한을 이용해 풀 수 있고, 포물선에 내접하는 삼각형의 넓이의 $\frac{4}{3}$배가 포물선의 넓이임을 알 수 있다.

실진법을 이용하여 도형의 넓이 또는 부피를 구하는 방법은 후에 미적분을 발견하는데 커다란 영향을 주었다. 즉 무수히 작은 조각으로 나누어 그것을 더하여 극한을 구한다는 무한의 하나인 '무한소'의 개념을 이어받은 것이다. 도형이나 그래프를 적분할 때 우선 무수히 작은 조각으로 나

눈 후 근삿값으로 다시 계산하여 구하는 것은 '무한소'의 개념이 들어간 것이고, 이는 곧 실진법과 유사하다.

오일러 상수로 알려진 e도 2.71828182845904523536028747135266249 7…로 전개되는 무한 상수이다. 계산의 편리를 위해 근삿값으로 약 2.718로 많이 사용한다. 로그의 발견으로 탄생한 오일러 상수는, 자코브 베르누이[Jakob Bernoulli, 1654~1705]가 예금의 복리계산을 위해 연구하던 과정에서 발견했다.

'원금에 관한 이자+이자에 관한 이자'를 붙여서 계산하여 지급하는 것이 복리이자이다. 복리계산법에 의하면 원금 P에 대한 원리합계가 $S=P\left(1+\frac{r}{n}\right)^{nt}$ 인데 여기서 $P=1$, $t=1$, $r=1$로 대입하고, n을 무한대로 계산하면 $\lim_{n\to\infty}\left(1+\frac{1}{n}\right)^n$의 극한 e가 된다.

오일러의 상수 e는 금융업이 발달하기 시작한 17세기부터 수학으로도 많이 사용하여 상업에도 기여했다.

무한은 끝없이 펼쳐지는 상태이기도 하지만 극

한에 이르면 수치로 나타낼 수 도 있다. 그렇다면 혹시 무한도 숫자처럼 크기를 비교할 수 있지 않을까?

칸토어는 '무한에도 크기가 있지 않을까?' 하는 생각을 했다. 칸토어 이전에는 무한대는 크기가 동일하다는 생각을 갖고 있었다. 무한대끼리는 부등호로 비교하는 것은 불가능했던 것이다. 그러다가 자연수와 유리수를 일대일대응할 수 있다는 것을 증명했다. 가장 작은 무한의 크기를 알레프 제로Aleph-null(자연수 전체 집합의 농도)인 $\aleph_0$로 표기했다. $\aleph_0$은 정수와 유리수의 무한을 나타낸 것이다. 그리고 자연수와 실수는 일대일대응이 불가능한 것을 증명했는데 셀 수 없는 소수decimal number를 $\aleph_1$으로 나타냈다. $\aleph_1$은 연속체인 $C(2^{\aleph_0})$로도 나타내며, 무리수 또는 실수의 무한한 개수이다. 그리고 $\aleph_0$보다 크고 $\aleph_1$보다 작은 무한집합은 없다고 가설을 세웠는데 이는 후에 증명이 된다. 이것이 바로 연속체 가설이다.

무한은 기호로 ∞이며 무한히 커지는 상태를 나타낸다. 따라서 무한대는 숫자는 아니다. 이처럼 무한은 무한히 크거나 무한히 작은 것에 대한 수학의 탐구영역이지만 점점 실마리가 해결되었다. 무한이라는 것은 도달이 어려운 개념이다. 그러나 현재 수학자들은 조금 더 쉽게 접근하고 능란하게 무한을 사용하며 수학 분야에 많은 업적을 남기고 있다. 그리고 이를 통해 과학 분야뿐만 아니라 우리의 생활 역시 비약적인 발전을 하고 있다.

비율을 강조한

유클리드 기하학과 삼단논법

제5장에서는 애벌레와 앨리스 간의 대화가 이루어졌다. 다시 키가 작아진 앨리스는 물담배를 물고 있는 애벌레를 만나게 되는데 7cm에 불과한 애벌레는 앨리스의 키가 적당하다고 얘기한다.

애벌레는 앨리스에게 다음과 같이 말한다.

"크기야 어찌 됐든, 비율이 중요하니 몸의 비례

를 유지해."

유클리드 기하에서는 절대적인 크기가 의미가 없다. 중요한 것은 길이의 비율인데, 앨리스가 이상한 나라에서 살아남기 위해서는 유클리드 기하학적으로 살라고, 즉 크기는 바뀌어도 비율은 유지하라고 당부한 것이다.

앨리스의 키는 유클리드 기하학의 비율처럼 전체적으로 커지거나 줄어야 하는데 《이상한 나라의 앨리스》에서는 오른쪽 그림처럼 목이 엄청나게 길어진 앨리스의 모습을 보여주고 있다.

유클리드 기하학을 주로 연구한 수학자였던 루이스 캐럴은《이상한 나라의 앨리스》에 이를 담았다.

《이상한 나라의 앨리스》 속 앨리스는 버섯을 먹고 목만 길어져 비둘기가 뱀이라고 놀리며 비아냥거린다. 버섯은 애벌레의 말대로 한쪽인 목 부분은 크게 늘렸지만 다른 한쪽인 키는 작게 만든 것이다.

앨리스의 모습을 보며 비둘기는 앨리스가 뱀인지 여자아이인지 이야기하는 데 이 장면에서는 삼단논법의 오류를 발견할 수 있다.

삼단논법은 대전제, 소전제, 결론으로 이루어져 있다. 대전제를 이끌고 소전제를 전개하여 결론을 짓는 것이다. 예를 들어 보자.

모든 동물은 죽는다	대전제
호랑이는 동물이다	소전제
호랑이는 죽는다	결론

참인 결론을 삼단논법으로 이끌어 낸 것이다. 여기서 대전제는 소전제를 포함해야 한다.

찰스 도지슨(Charles Dodgson)은 1832년 잉글랜드에서 태어나 1849년 옥스퍼드대 크라이스트처치에 입학해 신학과 수학을 공부했다. 그 뒤 모교에서 목사와 수학교수로 봉직했던 그는 약 180cm의 키에 제법 준수한 인물이었음에도 1898년 66세로 사망할 때까지 독신으로 지냈다.
그의 강의는 지루했고 논리학 분야에서의 재미있는 아이디어를 빼고는 수학 분야에도 특별한 업적을 남기지는 못했으며 조용한 삶을 살았다. 그런 그가 어린 아이의 부탁으로 쓰게 된 동화《이상한 나라의 앨리스》로 문학사에 이름을 남긴 것이다. 1865년 존 테니얼의 삽화를 넣어 발표한《이상한 나라의 앨리스(Alice's Adventures in Wonderland)》는 엄청난 반향을 불러 일으켰고 1871년에는 속편인《거울나라의 앨리스(Through the Looking-Glass)》를 출판했다.

이상한 나라의 앨리스의 삼단논법의 오류는 "뱀은 긴 목을 갖고 있다"를 대진제로 "앨리스는 긴 목을 갖고 있다"를 소전제로 하여 "뱀은 앨리스다"라고 결론을 지었다. 무엇이 문제일까?

대전제가 소전제보다는 커다란 범위여야 하는데 그렇기 못해서 결론도 거짓이 된 것이다. 앨리스는 버섯을 먹고 목이 길어진 것일 뿐 뱀은 아닌 것이다. 그런데 비둘기는 삼단논법의 오류를 보었다. 비둘기는 이것 외에도 삼단논법의 오류를 더 보여준다.

대전제가 "뱀은 알을 먹는다"이고, 소전제는 "앨리스는 알을 먹는다"이다. 그리고 결론으로는 "앨리스는 뱀이다"라고 한 것이다.

그렇다면 무엇이 잘못된 것일까? 역시 대전제가 소전제보다 더 커다란 범위여야 하는데 그렇지 못해 벌어진 오류이다.

작가 루이스 캐럴의 수학관인 유클리드 기하학

작가가 활동하던 시기에는 유클리드 기하학이

2,100년 동안 공리로 인정받다가 비유클리드 기하학의 등장으로 논쟁이 일던 시기였다. 그리고 루이스 캐럴은 그 시대의 수학계에서 보수적인 입장이었다. 그러한 관점이 《이상한 나라의 앨리스》에 고스란히 담겼다.

유클리드는 알렉산드리아 대학의 수학과 교수였으며 수학의 선구자였다. 10여 종이 넘는 그의 저서 중 현재 5종류만 남아 있다. 유클리드는 기원전 300년에 기하학을 체계적으로 정리해 1종류로 된 13권의 《원론》으로 남겼다. 《원론》은 논리정연한 저서로 손꼽힌다. 그리고 증명에서 연역적 방법이 탁월하다.

기존의 명확하지 않은 이론을 더 명확하게 증명하고 정리했다는 것으로도 《원론》은 가치가 높다. 공리와 공준에 관한 것을 정리한 제1권의 가치는 특히 중요하며, 이 저서를 토대로 공리와 공준이 정해졌다. 이를 통해 더 이상 의심의 여지 없는 기하학의 틀이 정해졌다. 그의 저서는 또한 많은 수학자들의 이견을 한데 모아 정확한 규칙을 정리해 높은 평가를 받고 있다.

유클리드의 《원론》의 5가지 공준과 공리는 다음과 같다.

공리 5가지

① 동일한 것과 같은 것은 서로 같다.

② 같은 것에 같은 것을 각각 더하면 그 전체는 서로 같다.

③ 같은 것에 같은 것을 각각 빼면 그 나머지는 서로 같다.

④ 서로 일치하는 것은 서로 같다.

⑤ 전체는 부분보다 크다.

공준 5가지

① 한 점에서 또 다른 한 점으로 직선을 그릴 수 있다.

② 유한한 직선을 무한히 연장시킬 수 있다.

③ 점을 중심으로 하고 그 중심으로부터 그려진 유한한 직선과 동일한 반지름을 갖는 원을 그릴 수 있다.

④ 모든 직각은 서로 같다.

⑤ 평면 위의 한 직선이 그 평면 위의 두 직선과 만나면 동측내각의 합이 180°보다 작으면 두 직선은 서로 만난다.

고대 그리스 수학자들은 공리와 공준의 체계를

결정하지 못해 의견이 분분했다. 유클리드는 증명없이 자명한 명제를 공리, 특수한 가정이 붙은 진리를 공준으로 정의했다.

제2권에서는 피타고라스학파의 기하학적 대수를 다루었으며, 제3권에서는 원과 현, 호에 관한 정리를, 제4권에서는 원의 내접과 외접, 작도 문제를 소개하고 있다.

제5권과 제6권은 에우독소스의 비례론에 관한 정의와 명제로 구성되어 있다. 제7권은 유클리드 호제법을 소개하여 두 개 이상의 정수에서 최대공약수를 찾는 방법과 서로소 관계에 대해서도 설명하고 있다.

제8권은 연속비례와 등비수열을, 제9권은 정수론의 기본 정리와 완전수, 등비수열의 n항까지의 합을 구하는 정리를, 제10권은 무리수를 주제로 설명하고 있다.

제11권은 공간에서 직선과 평면에 관한 정의와 정리를, 제12권에는 실진법을 이용한 부피 문제를, 제13권에는 1개의 구에 5개의 정다면체를 내접한 작도문제를 주제로 정리한 내용이다.

비유클리드 기하학은 1829년에 유클리드 기하학에 이견을 내놓으면서 시작했다. 로바쳅스키Nikolai Lobachevsky, 1792~1856가 처음으로 제안한 기하학인 비유클리드 기하학은 아인슈타인의 일반상대성 이론(1916)에도 지대한 영향을 주었다. 연구의 성과는 우주의 공간뿐 아니라 대부분의 공간이 비유클리드 기하학으로 설명할 수 있으며 실제로 그렇게 구성되었다는 것을 증명할 수 있다는 것이다. 리만Georg Riemann, 1826~1866은 리만 공간의 개념을 도입하여 리만 공간의 곡률을 정의하면서 여러 가지 새로운 일반 기하학적 원리를 발표했다.

한편 유클리드 기하학의 다섯 번째 공준인 "평면 위의 한 직선이 그 평면 위의 두 직선과 만나면 동측내각의 합이 180° 보다 작으면 두 직선은 서로 만난다."는 것에 이견을 달았다. 유클리드 기하학의 공준대로 평면에서 위의 공준은 참이다.

그러나 평면이 아닌 곡면에서는 이 공준은 성립하지 않는다.

우선 유클리드 기하학의 5번째 공준을 보자.

다음 그림에서 평면 위의 한 직선을 l, 직선 l과 만나는 두 직선을 각각 m, n으로 하고, 동측내각을 각각 α, β로 정하면 $\alpha+\beta$가 180°보다 작으면 서로 만나게 되므로 평행이 아니다.

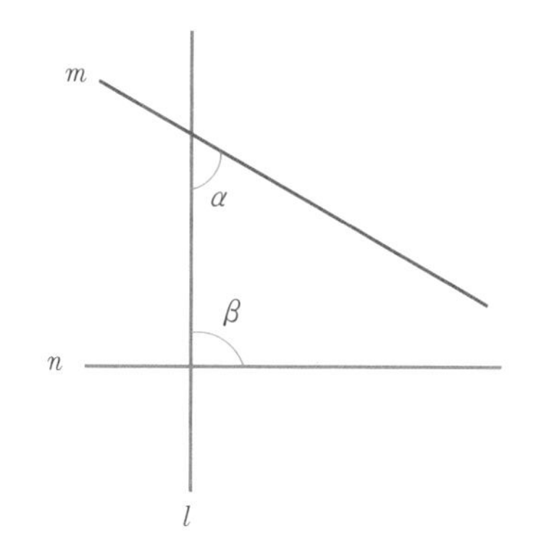

그러나 $\alpha+\beta$가 180°이면 서로 만나지 않으므로 평행하다.

공준 5번과 동치인 것을 조금 더 단순하게 그림으로 나타내면 다음과 같다.

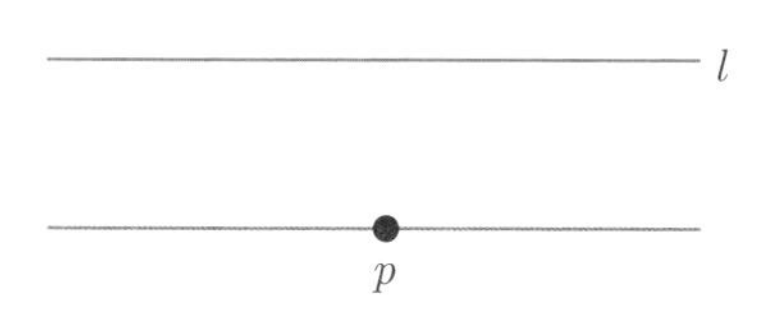

직선 l과 평행하면서 점 p를 지나는 직선은 단 1개이다. 그러나 비유클리드 기하학으로 공준 5번의 성립여부를 그림으로 나타내면 다음과 같다.

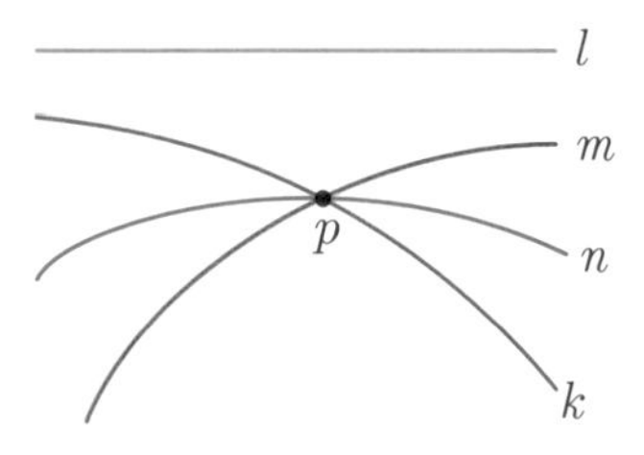

곡면에서는 한 점과 평행한 직선이 여러 개이다. 따라서 비유클리드 기하학에서는 성립하지 않는다. 로바쳅스키가 비유클리드 기하학을 발표한 때에 보여이Bolyai János, 1802~1860도 비슷한 시기에 비유클리드 기하학을 발표했다. 그리고 아인슈타인은 비유클리드 기하학을 토대로 상대성이론을 탄생시킬 수 있었다.

유클리드 기하학과 비유클리드 기하학을 단번에 비교할 수 있는 그림은 다음과 같다.

왼쪽 파란색으로 그려진 정삼각형은 유클리드 기하학에서 삼각형으로 보인다. 평면에 그려져 있는 삼각형이기 때문이다. 이에 대해서는 의문이 없을 것이다. 그러나 버섯 머리에 정삼각형을 그리면 직선이 아닌 곡선 모양으로 그려진다. 곡면이기 때문이다. 따라서 내각의 합은 180°를 초과한다. 반면에 몸통 오목한 부분에 정삼각형을 그리면 삼각형의 내각의 합은 180°가 되지 않는다.

논리학

논리학은 수학과 과학, 철학에서 많이 사용하는 연구 분야로, 기초가 튼튼한 추론의 체계적인 학문이다. 추리 과정의 형식적 특성을 가지기 때문에 논리적 타당성과 진실을 확연히 구분한다. 간혹 모순된 논증으로 진실한 결과를 찾기도 한다. 고대부터 아리스토텔레스가 형식논리학의 창시자로 알려졌고 형식논리학에서 삼단논법은 서구 수학계에서 2,000년 이상 사용했다.

전통적 삼단논법은 대전제 "모든 사람은 죽는다.", 소전제 "소크라테스는 사람이다.", 결론 "그러므로 소크라테스는 죽는다."이다.

그리고 삼단논법을 분석하기 위한 수학자들의 시각적 노력 끝에 다이어그램을 발견했다. 처음 다이어그램을 발견한 수학자는 라이프니츠Gottfried Wilhelm Leibniz, 1646~1716이다. 그리고 오일러가 오일러의 다이어그램을 발견했는데 이는 조금 더 그림으로 나타내기 쉽게 했다. 계속해서 수학자 벤John Venn, 1834~1923이 다이어그램을 더욱 계량화하여 유용하게 했다. 이것이 바로 유명한 벤다이어그램

Venn diagram이다.

벤다이어그램은 논리학을 더욱 수학적으로 다가가게 했고 집합론에 대한 이해를 더욱 쉽게 할 수 있도록 기여했다.

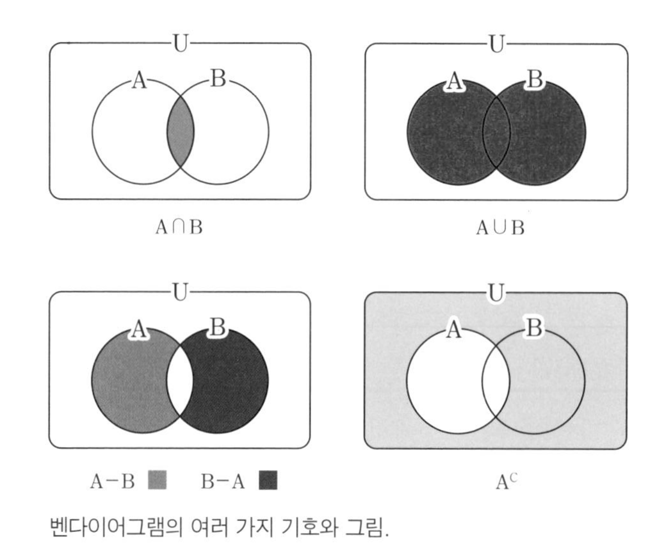

벤다이어그램의 여러 가지 기호와 그림.

돼지와 후춧가루

그 집을 바라보며 앨리스는 어떻게 할까 망설였다. 그때 제복을 입은 하인 한 명이 숲에서 뛰어나와 쾅쾅 문을 두드렸다(제복과 급한 걸음으로 하인이라고 생각했는데 얼굴을 보는 순간 물고기가 떠올랐다).

문이 열리고 둥근 얼굴에 개구리처럼 큰 눈을 가진 하인이 나왔다.

앨리스는 그들이 무슨 이야기를 하는지 듣고 싶어 살금살금 숲에서 기어 나왔다.

물고기 하인이 품 안에서 자기만큼이나 큰 편지를 꺼내 엄숙한 얼굴로 말하며 개구리 하인에게 주었다.

"여왕 폐하께서 공작부인에게 보내시는 크로케 경기 초대장입니다."

"여왕 폐하께서 공작부인에게 보내시는 크로케 경기 초대장을 받겠소."

개구리 하인이 물고기 하인의 말을 똑같이 반복해 말했다.

둘은 머리를 깊숙이 숙여 서로에게 절을 하다가 머리가 부딪쳐 단정하게 넘겼던 머리카락이 엉망이 되었다.

그 모습에 웃음이 터질 거 같아 앨리스는 꾹 참으며 숲으로 몸을 숨겼다. 잠시 후 다시 집 앞을 보자 개구리 하인만 현관 앞에 주저앉아 하늘을 올려다보고 있었다.

앨리스는 조심스럽게 다가가 문을 두드렸다.

"두드려봤자 소용없어. 두 가지 이유 때문이야. 첫 번째는 내가 지금 너처럼 밖에 있기 때문이야. 두 번째는 집 안이 너무 시끄러워서 네가 문을 두드려도 아무 소리도 듣지 못할 것이거든."

그 말대로 집 안에서는 굉장히 시끄러운 소리가 들리고 있었다. 소리치고 짖어대고 울고 웃는 소리들과 그릇 깨지는 소리 뭔가가 부서지고 무너지는 소리들이었다.

"들어가려면 어떻게 해야 해요?"

"노크만 하면 아무 때나 들어갈 수 있을 줄 알아? 우리 사이에 문이 있을 때. 네가 안에 있고 내가 밖에 있을 때 노크하면 내가 널 밖으로 나오게 할 수 있지. 노크는 그럴 때 하는 거야."

'이게 대체 무슨 말이지? 하긴 눈이 저렇게 머리 꼭대기에 있으니 어쩔 수 없지. 그래도 대답은 똑바로 해야 할 거 아냐?'

앨리스는 어이가 없어 잠자코 있다가 다시 물었다.

"어떻게 하면 들어갈 수 있어요?"

"난 여기 있을 거야. 내일까지라도……."

그때 갑자기 문이 열리더니 접시가 날아와 아슬아슬하게 물고기 하인의 코를 스치고 날아가더니 나무에 부딪쳐 산산조각이 났다.

그런데도 개구리 하인은 눈 하나 깜빡하지 않고 좀 전과 같은 투로 이야기를 이어갔다.

"……어쩜 모레까지……."

"어떻게 하면 들어갈 수 있어요?"

앨리스가 큰 소리로 다시 말하자 개구리 하인도 같은 이야기를 되풀이했다.

"난 여기 앉아 있을 거야. 언제까지라도……."

"그럼 난 어떻게 해요?"

이곳 짐승들은 사사건건 따지기 좋아해 사람 약올리기에 특별한 재주가 있다고 생각하며 앨리스가 다시 묻자 개구리 하인은 놀리듯이 휘파람을 불기 시작했다.

"이 자와 계속 이야기해봐야 소용없겠어. 바보 천치가 분명해."

앨리스는 직접 문을 열고 집 안으로 들어갔다. 바로 부엌이 보였다. 연기가 자욱한 부엌은 식당을 겸하고 있었다. 공작부인은 부엌 한가운데에 놓인 다리가 세 개인 의자에 앉아 아기를 달래고 있었고 요리사는 벽난로에 기댄 채 수프를 젓고 있었다.

갑자기 재채기가 났다.

"분명 수프 속에 후춧가루를 너무 많이 넣은 걸 거야."

공작부인은 이따금 재채기를 했고 아기는 쉬지 않고 재채기를 하며 울어댔다. 부엌 안에서 재채기를 하지 않는 생물은 요리사와 벽난로 옆에 앉아 있는 한쪽 귀에서 다른 쪽 귀까지 입이 찢어져라 웃고 있는 커다란 고양이뿐이었다.

"저 고양이는 왜 저렇게 웃고 있어요?"

앨리스는 먼저 말을 거는 것이 예의에 어긋날까 봐 조심스럽게 질문했다.

"체셔 고양이(히죽히죽 잘 웃는 사람을 가리키기도 함)라서 그래 이 돼지야!"

공작부인이 말을 맺을 때 갑자기 힘을 주는 바람에 앨리스는 깜짝 놀라 펄쩍 뛰었다. 그런데 그것은 아기에게 하는 말이었다.

"체셔 고양이가 항상 웃는다는 것을 몰랐어요. 아니 사실 전 고양이가 웃을 수 있다는 것도 몰랐어요."

"고양이는 웃을 수 있어. 대체로 모든 고양이는 웃어."

"모든 고양이가 웃을 수 있다는 것을 몰랐어요."

대화를 할 수 있다는 사실에 기뻐하며 앨리스는 공손하게 대답했다.

"모르는 게 많구나!"

쌀쌀맞은 공작부인의 말에 앨리스는 말투가 마음에 안 들지만 다른 이야기를 하면 나아질지도 모른다는 생각에 무엇을 말할지 생각하기 시작했다.

그때 요리사가 난로에서 수프냄비를 내려놓더니 닥치는 대로 물건을 집어 공작부인과 아기에게 던지지 시작했다.

결국 젓가락, 프라이팬, 접시, 쟁반 등이 공작부인을 맞췄지만 공작부인은 끄떡도 하지 않았다. 아기가 숨이 넘어갈 듯 기침을 해도 눈썹 하나 까딱하지 않았다.

어마어마하게 큰 프라이팬이 아기 코를 향해 날아오다가 아슬

아슬하게 비껴갔다.

"아, 그만해요. 아기 코에 맞겠어요."

깜짝 놀란 앨리스가 소리쳤다.

"세상 사람들이 남 일에 상관하지 않고 자기 일만 열심히 하면 지구는 좀 더 빨리 돌아갈 수 있을 거야."

"지구가 빨리 도는 것이 무슨 상관이에요? 밤낮이 바뀌면 어떻게 해요? 지구가 지축을 중심으로 한 바퀴 도는 데 24시간이 걸리는데……."

"도끼(지축axis와 도끼axes의 발음이 비슷함)가 어쨌다고? 건방지구나. 목을 쳐라."

공작부인의 말에 깜짝 놀란 앨리스는 요리사를 바라보았다. 하지만 요리사는 공작부인의 말을 듣지 못했는지 다시 수프를 젓고 있었다.

안심한 앨리스는 용기를 내어 말을 이어갔다.

"아마 24시간이 걸려야 할 거예요. 아니 12시간인가?"

"시끄러워. 난 숫자 따위는 질색이야."

공작부인은 자장가 같은 노래를 불러주며 아기를 어르기 시작했는데 한 구절이 끝날 때마다 아주 세게 아기를 흔들어댔다.

2절을 부르는 동안에도 아기를 위아래로 거칠게 흔들어대서 아기는 자지러지게 울었다.

갑자기 공작부인이 노래를 멈추자 아기를 앨리스에게 내밀었다.

"원한다면 네가 아기를 달래봐. 난 여왕 폐하의 크로켓 경기에 갈 채비를 해야 해."

그러고는 서둘러 식당을 빠져나갔다.

앨리스는 이상하게 생기고 제멋대로 팔과 다리를 뻗어대는 아기를 안아 드는 데 애를 먹었다. 증기기관차처럼 거친 숨을 내쉬며 팔과 다리를 오므렸다 폈다 반복하는 아기를 앉는 것은 매우 힘들었다.

앨리스는 아기를 안고 집 밖으로 나왔다.

'이 아기를 데려가지 않으면 하루나 이틀 사이에 틀림없이 죽고 말 거야.'

그리고는 아기를 바라보며 소리내어 말했다.

"그렇게 될 줄 알면서도 모른 체하는 것은 죽이는 것과 마찬가지겠지?"

아기가 대답이라도 하듯이 꿀꿀거렸다. 어느새 기침과 재채기는 그쳐 있었다.

듣기 싫은 소리에 앨리스는 얼굴을 찌푸렸다.

"그런 소리 내지 마. 너한테 어울리지 않아."

그런데 아기가 다시 꿀꿀거리는 소리를 내 이상해진 앨리스가 아기의 얼굴을 자세히 바라보자 아기는 툭 튀어나온 들창코에 보일락말락한 작은 눈까지 매우 못생긴 얼굴이었다.

'너무 울어서 이런 걸까?'

"만약 네가 돼지로 변하는 거라면 난 너에게 아무것도 해줄 수 없어."

불쌍한 아기가 훌쩍거리는 동안(꿀꿀거리는 것일 수도 있다) 앨리스는 말없이 걸었다.

'이 괴상하게 생긴 아기를 집으로 데려가면 가족들이 뭐라고 할까?'

아기가 다시 꿀꿀거리기 시작하자 앨리스는 아기가 아기돼지인 것을 알았다.

돼지를 데리고 가는 것은 바보 같은 일이라고 생각한 앨리스가 땅에 내려놓자 아기돼지는 숲 속으로 뛰어 들어갔다.

"저것이 사람이라면 매우 못생긴 아이가 되었을 텐데 돼지라면 잘생긴 돼지가 될 거야."

앨리스는 자기가 아는 아이들 중에서 돼지 같은 아이들을 떠올려 보았다.

"그 아이들도 바꿔 놓을 수 있다면……."

그러다 앨리스는 나뭇가지에 앉아 있는 체셔 고양이를 발견했다. 체셔 고양이는 앨리스를 바라보며 여전히 웃고 있었다. 긴 발톱과 날카로운 이빨에 잠시 겁이 났던 앨리스는 체셔 고양이가 웃는 모습을 보고 착한 고양이일 거란 생각에 가까이 다가갔다.

"체셔 고양이야."

앨리스가 다정하게 부르자 체셔 고양이는 입을 더 크게 벌리고 웃었다.

"여기서 어디로 가야 좋은지 알려줄래?"

"그거야 네 맘대로지."

"하지만 난 어디가 어딘지 모르는걸."

"그럼 네가 가고 싶은 데로 가."

"난 가야 할 곳이 있어. 그곳이 어딘지는 모르지만."

"재미있는 이야기구나. 그럼 빨리 가면 되지. 분명 어딘가에 닿을 거야."

체셔 고양이가 깔깔거리고 웃어대며 말하자 앨리스는 더 말해 봐야 소용없다는 것을 깨달았다.

"여기엔 어떤 사람들이 살아?"

"이쪽으로 가면 모자 장수가 살고……."

체셔 고양이가 오른발을 들어 가리켰다.

"저쪽으로 가면 3월 토끼가 살아. 둘 다 미쳤으니까 아무 데나 가 봐."

체셔 고양이가 이번에는 왼발을 들어 가리키며 말했다.

"난 미친 사람들에게 가고 싶지 않아."

앨리스가 고개를 절래절래 흔들며 말하지 고양이는 빙글거리면서도 비웃듯이 말했다.

"여기 있는 모든 이가 미쳐 있으니까 어쩔 수 없어. 나도 미쳤고 너도 미쳤어."

"내가 미쳤는지 네가 어떻게 알아?"

미쳤다는 말에 화가 났지만 참으며 앨리스가 물었다.

"틀림없이 미쳤어. 미치지 않았다면 여기 오지 않았을 테니까."

"그럼 네가 미친 것은 어떻게 알아?"

"미치지 않은 개를 생각하며 말해보자. 개는 화가 나면 으르렁대고 기분 좋으면 꼬리를 흔들어. 그런데 난 반대로 기분 좋으면 으르렁대고 화가 나면 꼬리를 흔들거든. 그러니 난 미친 거야."

고양이가 무척 중요하다는 듯이 말했다.

"넌 짖는 게 아냐. 좋아서 야옹거리지."

"그런 건 아무래도 좋아. 오늘 여왕 폐하와 크로켓 경기를 할 거야?"

"나도 그 경기를 좋아하지만 초대받지 못했어."

“그럼 거기서 만나자.”

체셔 고양이는 그대로 사라져버렸다. 하지만 이미 이상한 일에 익숙해진 앨리스는 그다지 놀라지 않았다. 대신 어떻게 해야 할지 몰라 고양이가 있던 자리를 가만히 쳐다보고 있었다. 그러자 갑자기 고양이가 다시 불쑥 나타나더니 아무 일도 없다는 듯이 말했다.

“아기는 어떻게 됐어?”

“아기가 돼지로 변해버렸어.”

“그럴 줄 알았어.”

고개를 끄덕인 고양이가 다시 사라지자 앨리스는 고양이가 또 돌아올까 봐 잠시 기다리다가 3월 토끼가 산다는 곳을 향해 걸어가기 시작했다.

“모자 장수는 전에도 봤으니 3월 토끼를 보는 것이 더 재밌을 거야. 그리고 지금은 5월이니 3월처럼 미쳐 있지는 않을 거야(3월은 토끼의 발정 시기라 이때의 토끼는 대부분 거칠고 사납다).”

중얼거리며 걷던 앨리스가 문득 위를 올려다보니 나뭇가지 위에 고양이가 나타나 있었다.

“아까 돼지[pig]라고 했어? 무화과[fig]라고 했어?”

“돼지라고 했어. 그리고 불쑥불쑥 나타났다가 사라졌다가 하지 마. 정신없잖아.”

"알았어."

대답과 함께 꼬리부터 사라지기 시작하던 체셔 고양이가 얼굴을 마지막으로 완전히 사라졌다. 하지만 고양이의 미소는 고양이가 완전히 사라진 뒤에도 한동안 그대로 남아 있었다.

"맙소사. 웃지 않는 고양이를 본 적은 있지만 미소 없는 고양이 아니 고양이 없는 미소라니! 이렇게 이상한 것은 태어나서 처음 봐!"

앨리스는 곧 3월 토끼의 집을 찾아냈다. 토끼의 귀처럼 생긴 굴뚝과 토끼털 같은 풀로 덮인 지붕 때문이었다.

집이 꽤 큰 것을 본 앨리스는 지금처럼 너무 작은 모습은 위험할지도 모르겠다는 생각이 들었다. 그래서 2피트(약 61cm)가 될 때까지 왼손에 들고 있던 버섯을 조금씩 뜯어 먹었다.

키가 커진 앨리스는 조심스럽게 3월 토끼의 집으로 다가갔다.

"혹시 토끼가 미쳐서 사나우면 어쩌지? 모자 장수의 집으로 가야 했을까?"

2차원의 평면을 3차원의 거리감과 깊이로 바꾸는

사영기하학

원근법을 이해하는 것에서 발전한 기하학인 사영기하학은 사영으로 바뀌지 않는 성질을 대상으로 연구하는 기하학이다. 예전에는 화법기하학으로도 불렀으며 유클리드기하학을 확장한 것이었지만 비유클리드기하학을 연구하는 기하학이기도 하다.

원근법은 가까이 보이는 물체는 크게, 멀리 있는 물체는 작게 보이게 하는 기법이다. 이 원근법을 이용해 2차원인 평면 위에 3차원의 거리감과 깊이를 표현할 수 있었다.

소실점은 회화 속 물체에 연장선을 그었을 때 선과 선이 만나는 점을 나타낸다. 물체에 비추는 각도에 따라 소실점의 위치는 달라지며, 하나의 화폭에 두 개의 각도를 가진 경우에는 2개의 소실점이 생길 수도 있다.

원근법은 보이는 세상을 그대로 종이에 그려 넣으려는 시도에서 시작했다. 원근법이 사영기하학을 탄생시킨 것이다.

6장 돼지와 후춧가루를 보면 앨리스는 작은 집에 들어가기 위해 몸을 좀 더 작게 줄인다. 추악한 공작부인이 아기를 돌보고 있고, 요리사는 수프에 후추를 마구 뿌려댄다. 방안에는 후추 냄새가 진동한다. 체셔 고양

사영기하학의 예. 가운데 파란 점은 소실점을 나타낸다.

이를 빼고는 모두 재채기를 한다. 그런데 난데없이 요리사가 공작부인과 아기에게 프라이팬과 접시들을 마구 던지기 시작한다. 앨리스는 너무나 놀라 아기가 다칠지 모른다고 울부짖는다. 그러다가 요리사가 던지는 것을 멈추고, 공작부인은 자장가를 부르며 아기를 거칠게 흔들다가 크로켓 게임을 하러간다며 앨리스에게 아기를 건넨다. 그러나 아기의 얼굴은 괴상했으며 팔다리를 사방으로 뻗친 불가사리 같은 모습이 된다. 아기는 꿀꿀 소리를 내며 곧 돼지로 변한다. 아기의 외양이 변한 것이다.

이것은 사영기하학에서 물체의 형태가 점, 선, 면은 유지되지만 길이와 비율, 각도는 사영 과정에서 변하는 것을 의미한다. 공작부인이 이상한 자장가를 부르면서 아기를 거칠게 흔드는 모습은 루이스 캐럴의 사영기하학에 대한 불신이라고 볼 수 있다. 아기는 사영기하학을 통해 보존되지 않는 물체의 길이와 각도를 묘사한 것이기 때문이다.

체셔 고양이를 통해 본 양자역학

양자역학은 지금도 풀리지 않은 과학 영역이며, 지금까지 수많은 물리학자가 있었음에도 완전히 이해한 물리학자는 없다고 강조할 정도로 매우 어렵다. 그런데 《이상한 나라의 앨리스》에 그런 과학 분야가 등장하고 있다.

고전역학은 뉴턴의 만유인력의 법칙에 기준을 두고 있었다. 그러다 양자역학이 나타나면서 작은 물질의 세계까지 연구대상이 되었다. 작은 물질의 세계는 우리가 보지 못하기 때문에 이해하기가 쉽지 않고 증명을 통한 과학적 입증 또한 매우 어려웠다. 우리가 경험하는 거시 세계는 큰 물질이므로 양자입자로 이루어져 있지만 우리의 예상대로 움직인다. 그러나 미시 세계의 양자 입자는 직관에 따르지 않기 때문에 확률로 분석하는 것이다.

20세기 초에 닐스 보어는 원자를 중심으로 하고 전자가 고정된 궤도를 따라 원 모양으로 빙빙 도는 원자 모형을 설명했다. 수소 원자에만 들어맞는 모형이기도 했다. 그러나 모형을 설명할 수

《이상한 나라의 앨리스》는 수학자들과 과학자들에게 사랑받는 동화로 유명하다.
미국의 수학자 마틴 가드너는 1960년 《주석 달린 앨리스》를 출간한 뒤 2000년에는 《주석 달린 앨리스》 결정판을 출판했다. 이 책에서 가드너는 "앨리스의 불멸의 명성은 과학자와 수학자들을 비롯한 어른들이 이 책을 즐기기 때문"이라고 했다.
과학자들의 앨리스에 대한 사랑도 곳곳에서 살펴볼 수 있다. 유럽핵입자물리연구소(CERN)의 대형강입자충돌기(LHC)의 검출기 중 하나인 A Large Ion Collider Experiment(대형이온충돌실험)의 약자를 줄여 앨리스(ALICE)라고 부를 정도다.
《거울나라의 앨리스》의 우유 에피소드를 반물질의 세계로 본 뒤 물질과 반물질이 만나면 벌어지는 상황에 대해 설명한 물리학자도 있다.
이처럼 《이상한 나라의 앨리스》는 논리학, 철학, 역사학, 사회학, 수학, 물리학 등 다양한 학문 분야에서 활발하게 연구하는 특이한 동화이다.

있는 방정식 같은 수학은 없었다.

보어의 제자였던 하이젠베르크는 막스 보른의 도움으로 행렬역학을 완성하게 된다. 보어의 원자 모형에 수학을 적용할 수 있게 된 것이다. 그러나 에르빈 슈뢰딩거Erwin Schrödinger, 1887~1961는 행렬역학에 의문을 품고 전자를 파동으로 생각해, 파동방정식을 제안했다.

막스 보른Max Born, 1882~1970은 슈뢰딩거의 파동방정식에 절댓값을 제곱하면 전자의 위치를 나타내는 확률밀도함수라고 설명했다.

파동함수에서 진폭이 높은 위치에는 전자가 존재할 확률이 높으며, 진폭이 낮은 위치에는 전자가 존재할 확률이 낮다는 것이다. 그리고 슈뢰딩거의 파동방정식은 전자의 위치를 확률로 나타내는 공식이라고 말했다. 그러나 슈뢰딩거는 전자를 파동이라 역설하고, 파동방정식에서 특수한 경우에만 전자는 입자일 것으로 주장했다. 또한 막스 보른이 파동방정식이 확률이라고 한 것에 대해 구체적이지 못한 과학관으로 보고 있다고 의견을 내세우기도 했다.

아인슈타인Albert Einstein, 1879~1955도 슈뢰딩거와 같은 의견이었다. 그는 막스 보른의 양자역학에 대한 확률도입에 대해 탐탁지 않게 여겨 "신은 주사위 놀이를 하지 않는다."라고 말하기도 했다.

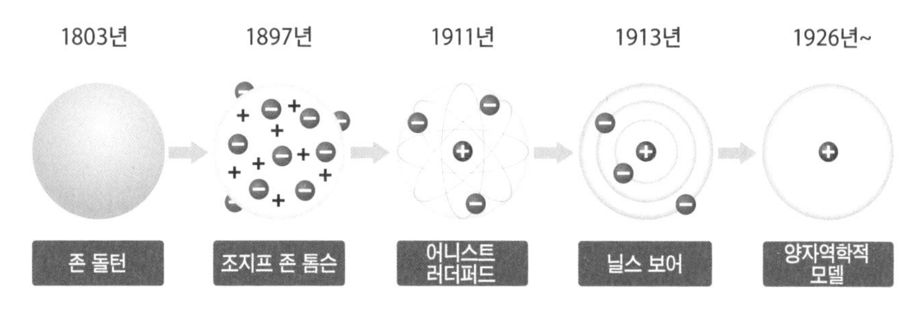

원자 모델의 변천사.

보어는 초기에 양자물리학의 개념을 수소 원자 모형으로 설명했지만 실제로는 더욱 복잡한 원자가 많았다. 이에 대해 해결한 이론으로는 파울리의 배타원리Pauli exclusion principle가 있다.

전자 또는 양성자와 같은 입자는 한 오비탈에 2개가 들어갈 수 없다. 그리고 두 개의 전자 또는 양성자는 반대의 스핀값을 가진다. 이렇게 양자역학이 첫 단계에 이를 때에는 뉴턴 역학으로 설명할 수 없었던 작은 원자 세계의 질서를 밝혀내게 된다.

그 뒤 더 많은 연구를 통해 현재의 과학은 양자 중첩과 양자얽힘이라는 양자의 물리학적 속성을 컴퓨터나 센서, 통신 등 실제 기술에 적용하는 단계까지 와 있다.

양자 중첩을 응용하면 양자컴퓨터의 연산 단위인 큐비트로 컴퓨터를 제조하여 데이터를 동시에 한꺼번에 빠르게 처리해 연산능력을 우수하게 한다. 그리고 양자 얽힘도 양자가 서로 멀리 떨어져 있더라도 서로 맞닿은 것처럼 움직여 하나의 상태가 되어 통신에 적용하면 해킹을 차단할 수 있다.

양자 체셔 고양이[a quantum Cheshire Cat]는 2001년에 등장한 양자역학 이론으로 학계의 주목을 받았다. 미국 채프먼 대학교 물리학과 교수인 야키르 아하로노프[Yakir Aharonov, 1932~] 교수가 처음으로 주장한 새로운 양자 역학 이론이다.

《이상한 나라의 앨리스》에서도 양자 체셔 고양이 이론을 만나볼 수 있다.

"고양이는 이번에는 아주 서서히 사라졌다. 꼬리 끝부터 사라지기 시작해 씩 웃는 모습이 맨 마지막으로 사라졌는데, 씩 웃는 모습은 고양이의 나머지 부분이 다 사라진 뒤에도 한동안 남아 있었다."

양자 체셔 고양이 이론은 입자의 본체가 없어도 성질은 존재하는 것으로 기이한 미소만 남기고 사라지는 체셔 고양이가 갖는 특성과 같다. 실체는 사라져도 실체의 성질이 남을 수 있다는 것으로 요약할 수 있다.

2014년 프랑스 라우에-랑주뱅 연구소는 양자 체셔 고양이에 관한 실험에 성공했다. 분할한 경로 한쪽으로 양자 역학 방법 중 하나인 '약한 측정'으로 자기 모멘트를 측정했더니 다른 경로의 입자에도 반영이 되었다. 입자 본체와 그 성질을 분리한 것이다.

또 다른 수학적 발견 회문

"다 같은 꿈은 같다."와 같이 앞에서부터 읽거나 뒤에서부터 읽어도 똑같이 문장이 읽혀지는 것을 회문이라 한다. 《이상한 나라의 앨리스》에는 체셔 고양이에 관하여 다음과 같은 영문 회문이 등장한다.

"Was it a cat I saw?" (내가 본 고양이었나?)

이와 같은 문장처럼 앞에서 읽거나 거꾸로 읽어도 똑같이 읽혀지는 숫자가 있다. 이를 회문수 또는 대칭수라고 한다. 111, 7447, 986689 같은 수가 회문수이다.

회문수 중 가장 작은 수는 0이다. 한 자릿수는 모두 회문수가 된다. 그리고 회문수를 제곱하여 또 다른 회문수를 만드는 예도 있다.

$$
\begin{aligned}
1^2 &= 1\\
11^2 &= 121\\
111^2 &= 12321\\
1111^2 &= 1234321\\
11111^2 &= 123454321\\
111111^2 &= 12345654321\\
1111111^2 &= 1234567654321\\
11111111^2 &= 123456787654321\\
111111111^2 &= 12345678987654321
\end{aligned}
$$

1의 제곱부터 1이 9개의 제곱까지는 회문수의 규칙이 된다. 그러나 신기하게도 1이 10개인 1111111111^2는 결과는 1234567900987654321이므로 회문수가 되지 않는다.

이상한 티타임

3월 토끼의 집 앞 커다란 나무 밑에 식탁이 놓여 있었고 토끼와 모자 장수가 홍차를 마시는 중이었다.

그들 사이에는 도어마우스(겨울잠쥐. 잠꾸러기를 말하기도 한다)가 잠들어 있었고 둘은 쿠션인냥 도어마우스 위에 팔꿈치를 얹고 이야기를 나누고 있었다.

'도어마우스가 정말 불편할 텐데 깊이 잠들어서 모를 테니 정말 다행이야.'

넓은 식탁인데도 한쪽에 몰려 앉아 있는 그들에게 앨리스가 다가갔다.

“자리가 없어! 앉을 자리가 없다니까!”

앨리스를 본 그들이 소리쳤다.

“거짓말. 이렇게 자리가 넓잖아.”

앨리스는 화를 내며 식탁 한쪽에 있는 안락의자에 앉았다.

“그럼 포도주 마실래?”

3월 토끼가 앨리스의 비위를 맞추려는 듯 상냥하게 말했다.

“포도주가 안 보이는데?”

“없으니까 안 보이겠지.”

“있지도 않은 것을 마시라고 하다니 실례야.”

“권하지 않았는데 멋대로 식탁에 앉는 것도 실례야.”

“너희만을 위한 식탁인지 몰랐어. 그리고 식탁에 빈 자리도 많잖아.”

“머리카락을 잘라야 되겠어.”

호기심을 갖고 앨리스를 살펴보던 모자 장수가 말했다.

“남의 외모에 대해 직접적으로 말하는 것은 교양에 어긋나는 버릇없는 짓이야.”

앨리스의 말에 눈이 휘

둥그래진 모자 장수가 엉뚱한 말을 했다.

"까마귀와 책상의 공통점은 뭐지?"

'수수께끼다.'

앨리스는 기분이 풀렸다.

"재밌겠다. 답을 알 거 같아."

"네가 답을 맞힐 수 있다는 거야?"

3월 토끼가 비웃는 투로 말했다.

"물론이야."

"그럼 네가 생각하는 답이 뭔지 말해봐."

"적어도 아는 걸 말하는 거나…… 말하는 걸 아는 거나 같은 거 아냐? 둘 다 똑같은 거잖아!"

"아니 그건 전혀 달라. 먹는 것을 좋아하는 것과 좋아하는 것을 먹는 것이 같아?"

모자 장수가 고개를 흔들며 말했다.

"그래. 모자 장수 말이 맞아. 가진 것을 좋아하는 것과 좋아하는 것을 가지는 것이 다른 것처럼 말야."

3월 토끼가 모자 장수의 말을 거들었다.

"그러니까 내 경우엔 잠을 잘 때 숨을 쉰다는 숨 쉴 때 잔다는 것과 전혀 다를 게 없어."

잠들어 있던 도어마우스가 잠꼬대를 하듯 끼어들었다.

“그건 너한테나 같은 거야.”

모자 장수가 짜증을 내며 말하자 모두 입을 다물었다. 조용해진 사이 앨리스는 수수께끼의 답을 찾는데 열중했다.

모자 장수가 주머니에서 시계를 꺼내더니 흔들어 보기도 하고 귀에 대고 소리를 들어 보기도 하며 말했다.

“오늘이 며칠이지?”

“4일이야.”

잠깐 생각해본 뒤 앨리스가 말했다.

“이틀이나 틀리잖아. 버터가 이 시계에 맞지 않는다고 했잖아.”

모자 장수가 3월 토끼에게 말하자 풀죽은 목소리로 3월 토끼가 대답했다.

“그래도 최고급 버터야.”

“알아. 그걸 시계 속에 넣을 때 빵가루가 들어간 거 같아. 빵 자르는 칼로 버터를 집어넣는 게 아니었어.”

앨리스는 3월 토끼의 어깨너머로 지켜보다가 말했다.

“참 이상한 시계네. 날짜만 나타나고 시간은 나타나지 않나 봐.”

“그게 뭐가 이상한데? 네 시계는 연도도 나와?”

“일 년은 매우 길어서 굳이 나타낼 필요가 없어.”

“그럼 내 시계는 어떤 경우지?”

“무슨 말을 하는 건지 잘 모르겠어.”

모자 장수의 말을 전혀 이해할 수 없었던 앨리스가 조심스럽게 되물었다.

"도어마우스가 또 잠들었어."

모자 장수는 엉뚱한 소리를 하면서 도어마우스의 코에 뜨거운 찻물을 조금 부었지만 도어마우스는 잠시 놀라서 고개를 흔들면서도 눈을 뜨지는 않았다.

"아직도 수수께끼를 생각하고 있어?"

모자 장수가 앨리스에게 물었다.

"포기했어. 답이 뭐야?"

"나도 전혀 몰라."

모자 장수의 말에 토끼도 맞장구를 쳤다.

"나도 몰라."

"답도 모르는 수수께끼를 푸는 것은 시간 낭비야. 그 시간에 다른 일을 하는 것이 더 나아."

앨리스의 말에 모자 장수가 화를 벌컥 냈다.

"네가 나만큼 시간에 대해 잘 안다면 그를 낭비한다고 할 수 없을 거야."

"그게 무슨 소리야?"

"시간과 이야기를 나눠 본 적도 없으면서 알 턱이 있나."

"그럴지도 모르지만 음악 시간에는 시간을 맞추기 위해 박자를 쳐야 해.”

“아 바로 그거야. 시간은 두들겨 맞는 것을 싫어하니 시간에게 잘 부탁하면 원하는 대로 해줄 거야. 예를 들어 아홉 시가 되어서 공부를 해야 하는데 하기 싫으면 시간에게 부탁하는 거야. 그럼 눈 깜짝할 사이에 점심 시간이 되어 있을 거야.”

‘그럼 하루 종일 먹을 수 있을 텐데’라고 3월 토끼가 중얼거렸다.

“그럼 정말 멋지겠지만 난 그 시간엔 배가 고프지 않을 거야.”

“처음에는 배가 고프지 않을 수도 있지만 진짜 점심시간이 될 때까지 시간을 붙들어두면 돼.”

“넌 그렇게 하고 있어?”

“아니, 지난 3월에 싸웠거든. 3월 토끼가 미치기 직전에 하트 여왕 폐하의 대음악회에서 노래를 했을 때야.”

모자 장수가 대음악회에서 불렀던 노래를 부르기 시작하자 도어마우스가 잠결에 노래를 따라 부르기 시작했다.

그러자 모자 장수와 3월 토끼가 꼬집어 입을 다물게 했다.

“난 1절도 끝내지 못했는데 여왕 폐하가 소리를 질렀어.‘저놈은 시간만 축내고 있어. 저놈의 목을 당장 베라.’ 그 뒤부터 시간은 내 부탁을 하나도 들어주지 않아. 그리고 내 시계는 항상 6시를 가리키고 있어.”

순간 앨리스는 한 가지 사실을 깨달았다.

"아, 그래서 여기 찻그릇이 이렇게 많은 거구나."

"맞아. 항상 차 마실 시간이라 그릇 닦을 새도 없어 자꾸 새 찻잔을 내놓는 거야."

"아, 그래서 이리저리 자리를 바꿔 앉고 있구나."

"맞아. 그리고 변함없이 되풀이해야 해."

"그렇게 자리를 바꿔 앉다 보면 처음 자리로 돌아오게 될 텐데 그때는 어떻게 해?"

"이제 이 이야기는 지겨우니 다른 이야기를 하는 것이 좋겠어. 아가씨가 우리에게 재미있는 이야기를 해줘."

3월 토끼가 하품을 하며 모자 장수와 앨리스의 이야기에 끼어들었다.

"난 아는 것이 없어."

"그럼 도어마우스가 이야기해줄 거야. 도어마우스 일어나!"

모자 장수와 3월 토끼가 도어마우스 양 옆에서 소리치며 꼬집자 슬그머니 눈을 뜬 도어마우스가 잠이 덜 깨어 늘어진 목소리로 말했다.

“난 잠들지 않고 너희가 하는 이야기를 모두 들었어.”

“그럼 재미있는 이야기를 해줘.”

3월 토끼와 모자 장수와 앨리스가 졸라댔다.

“옛날옛적에 엘시, 레시, 틸리라는 세 자매가 우물 속에서 살았어…….”

“그런 곳에서 뭘 먹고 살았어?”

먹고 마시는 것에 관심이 많은 앨리스가 질문했다.

“당밀을 먹으며 살았어.”

“그런 것을 먹으면 배탈이 나.”

“그래 맞아. 아주 심하게 배탈이 났어.”

우물 속에서 사는 생활이 어떨지 상상이 되지 않은 앨리스가 다시 질문했다.

“왜 하필 우물 속에서 살았어?”

앨리스가 계속 질문하자 3월 토끼가 차를 권했다.

“홍차를 좀 더 마셔.”

“지금까지 마신 것이 하나도 없는데 어떻게 더 마셔?”

“마신 것이 아무것도 없다면 덜 마실 수는 없지만 더 마시는 것은 아주 쉬운 일이야.”

모자 장수가 끼어들었다.

“너한테 말하는 것이 아니니 끼어들지 마!”

앨리스가 짜증을 내자 모자 장수가 말했다.

"이야기 도중에 끼어든 사람이 누군데?"

대꾸할 말이 없어진 앨리스는 홍차 조금과 버터 바른 빵을 먹은 후 다시 도어마우스에게 질문했다.

"그런데 왜 우물 속에서 살았어?"

"그 우물은 당밀이 솟아 나오는 우물이었거든."

"세상에 그런 곳이 어딨어!"

말도 안 되는 이야기에 앨리스가 화를 내자 모자 장수와 3월 토끼가 쉿쉿거리며 조용히 하라고 했다.

"얌전하게 들을 생각 없다면 네가 나머지 이야기를 해."

"아냐 제발 이야기해줘. 하지만 내가 아니더라도 누군가가 끼

어들 거야."

도어마우스는 끼어든다는 소리에 잠깐 화를 낸 후 다시 이야기를 이어나갔다.

"세 자매는 그곳에서 그림 그리는 법을 배웠어……."

"뭘 그렸는데?"

"당밀!"

앨리스가 다시 끼어들자 모자 장수가 말했다.

"깨끗한 컵이 필요해. 모두 한 자리씩 자리를 옮기자."

모두 한 자리씩 자리를 옮겨 모자 장수 자리에 도어마우스가 도어마우스 자리에 3월 토끼가 그리고 앨리스는 3월 토끼 자리로 옮겼다.

3월 토끼가 우유를 엎지른 자리였기 때문에 앨리스는 상황이 나빠졌다.

앨리스는 자매들이 어디에서 그림을 그리는지 이해할 수 없어 질문을 해댔고 도어마우스는 잠이 오는지 연신 하품을 해대며 앨리스의 질문에 대답하며 다음 이야기를 이어갔다.

"세 자매는 M자로 시작하는 건 뭐든지 그림을 그렸어……."

"왜 하필 M자로 시작하는 거야?"

앨리스의 질문에 3월 토끼가 짜증을 냈다. 그리고 도어마우스는 꾸벅꾸벅 졸기 시작했다. 모자 장수가 도어마우스를 꼬집자 놀란 도어마우스가 다시 이야기를 이어갔다.

"M자로 시작하는 것……. 예를 들어 쥐덫mousetrap, 달moon, 추억memory, 많다many 같은 것들을 그렸지. 넌 많다를 그린 그림 본 적 있어?"

"어머? 나에게 질문하는 거야? 난 그런 그림 본 적이 없어."

어리둥절해진 앨리스의 말에 모자 장수가 말을 가로막았다.

"그럼 입 다물고 있어."

앨리스는 더 이상 무례한 행동을 참을 수가 없어 벌떡 일어나 그대로 걸어가기 시작했다.

앨리스는 걸어가면서도 그들이 붙잡아주길 은근 기대했지만 도어마우스는 깊은 잠에 빠졌고 3월 토끼와 모자 장수는 앨리스가 떠나는 것을 알지 못하는 듯했다.

"다신 여기 오지 않을 거야. 내가 가 본 티타임 중 이런 엉터리는 처음이야!"

숲 속으로 걸어가며 앨리스는 중얼거렸다. 그때 갑자기 앨리스 앞에 문이 달린 나무 한 그루가 보였다.

"세상에 별 이상한 나무도 다 있구나. 그렇지만 오늘은 너무 이상한 날이니까 당장 들어가 봐야지."

앨리스가 망설이지 않고 나무 속으로 들어가자 이곳에 도착했을 때 처음 봤던 길고 커다란 방과 조그만 유리 탁자가 있었다.

앨리스는 탁자 위에 여전히 놓여 있는 황금열쇠를 들어 정원으로 통하는 커튼 뒤의 자그마한 문을 열었다. 그러고는 주머니에 넣어 둔 버섯을 꺼내 그 문을 통과할 수 있을 정도로 작아질 때까지 조금씩 뜯어 먹었다.

작아진 앨리스는 거침없이 문을 열고 아름다운 정원으로 들어갔다.

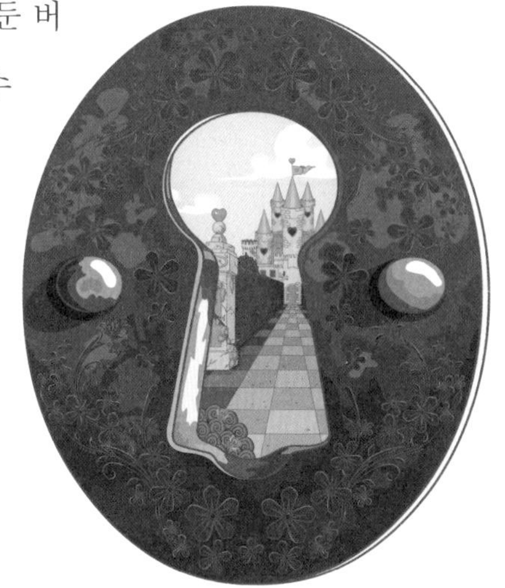

현실성 없던 수

사원수의 발견으로 가능해진 가상현실

제7장 이상한 티타임에는 앨리스와 동면하는 도어마우스, 모자 장수, 3월 토끼가 등장한다. 그들은 티타임을 하는데, 대화도 우스꽝스럽지만 여기서 생기는 해프닝도 엉망이다.

집 앞 나무 아래에 커다란 식탁이 있다. 3월의 토끼와 모자 장수가 차를 마시고 있다. 그 중간에 도어마우스가 의자에 앉아 엎드려 잠을 자고 있다.

3월 토끼와 모자 장수, 도어마우스는 수학의 사원수 중 세 개의 항을 의미하고 마지막 네 번째 항은 시간이다. 그런데 네 번째 항인 시간을 제외한 채 티타임을 여니 엉망진창이 된다. 시간은 항상 6시에 맞추어져 있다. 시간의 개념을 빼면 세 인물은 계속 티타임 탁자 주변을 회전하고 있기 때문이다. 이는 3차원 공간의 반복하는 회전을 의미한다.

7장의 마지막 부분에서는 모자 장수와 3월 토끼가 찻잔 안으로 도어마우스를 집어넣으려는 장면이 나온다. 이 경우 1개의 항이 줄어들었으니 복소수가 된다. 작가는 《이상한 나라의 앨리스》를 통해 해밀턴William Rowan Hamilton,1805~1865이 19세기 중반 무렵에 발견한 사원수에 대한 비판을 한 것이다.

사원수

19세기 중반 《이상한 나라의 앨리스》가 출간

되던 시기는 수학의 격동기라 불릴 만큼 신개념이 태동하며 수학자끼리의 논쟁이 많던 시기였다. 당시에는 복소수도 체계적으로 정립되어 있지 않았고 논리적으로도 증명이 끝나지 않아 수학자들이 받아들이기에는 많은 시간이 걸렸다.

복소수 연구는 1545년 이탈리아 수학자 카르다노Girolamo Cardano, 1501~1576를 거쳐 1700년 중반 스위스의 수학자 오일러Leonhard Euler, 1707~1783의 연구로 진일보했고 1800년 초 독일의 가우스Gauss Karl Friedrich, 1777~1855를 지나오면서 오랜 세월 동안 연구가 진행되었다.

복소수는 카르다노가 현실성이 없는 수로 간단히 논문에 표기하여 설명한 것에서 시작했다. 이는 다음과 같다.

x를 두 번 곱해 -1이 되는 수는 i이다.

과연 이런 수가 상상으로만 가능한 것인지 현실성이 있는 것인지 수학자들에게는 계속 의구심만 쌓아갔다. 봄벨리도 복소수를 궤변 속의 발견으로 보고, 받아들이기 어려운 수 체계로 생각했다. 그럼에도 봄벨리는 복소수에 대해 분배법칙을 정리해 발표했다. 당시에는 복소수를 $a+bi$로 나타내지 못했지만 현대 방식으로 나타내면 복소수의 연산법칙인 분배법칙을 예를 들어 다음과 같이 나타낼 수 있다.

$$
\begin{aligned}
(5+6i)(7+8i) &= 5\times7+5\times8i+6i\times7+6i\times8i \\
&= 35+40i+42i-48 \\
&= -13+82i
\end{aligned}
$$

1702년경 위대한 수학자 라이프니츠Gottfried Wilhelm von Leibniz,1646~1716는 '존재와 비존재 사이의 양서류'로 이야기 할 정도로 복소수에 대해 회의적이었으며 반감을 가졌다. 그러나 수학자 코시Baron Augustin Louis Cauchy, 1789~1857와 리만은 복소수를 이용하여 복소해석학이라는 학문을 탄생시킨다. 복소해석학은 복소수로 미적분법을 하는 새로운 학문이다.

복소수를 좌표평면에 나타내어 더욱 가시화시키며 구체적으로 연구하게 된 계기를 만든 수학자는 베셀이다. 복소평면을 처음 발견한 것은 아니지만 재발견한 수학자로는 가우스와 아르강Jean Robert Argand, 1768~1822이 있다. 복소평면은 '아르강 평면'으로도 부르지만 '가우스 평면'으로 더 많이 알려져 있다.

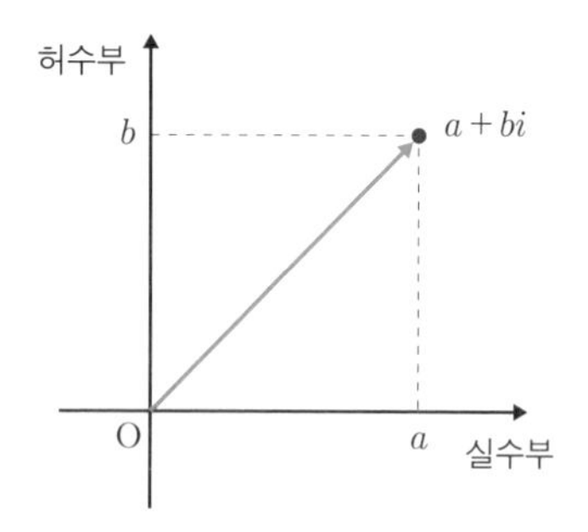

가우스 평면으로도 알려진 복소평면은 x축을 실수부, y축을 허수부로 명명한다.

복소수의 탄생 이후 해밀턴William Rowan Hamilton, 1805~1865은 한 단계 더 확장하여 1843년 사원수Quaternion를 발견한다. 복소수가 2차원 평면에 존재한다는 것을 연구하여 3차원 공간에도 복소수가 존재할 수 있다는 이론으로 사원수를 발견한 것이다. 이 발견은 현재 3D, 물리학, 동역학 등 여러 분야에 골고루 사용하고 있다.

사원수는 $q=a+bi+cj+dk$의 형태이다. 복소수와의 큰 차이라면 1개의 실수와 3개의 허수가 존재하는 것이다. 사원수는 $ab=ba$ 같은 곱셈의 교환법칙은 성립하지 않는다. 이러한 성질을 비가환성이라 한다.

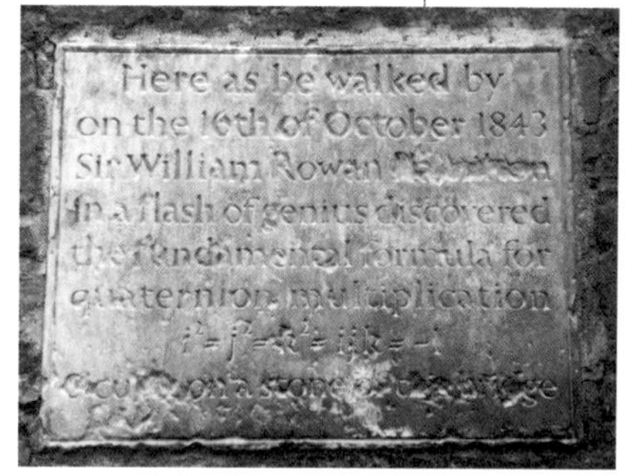

브로옴 다리의 기념명판에는 사원수의 유명한 곱셈법칙인 $i^2=j^2=k^2=ijk=-1$이 적혀 있다.

사원수는 과학의 발전에도 기여했다. 그중에서도 특히 전자기학의 방정식에 응용되어 많이 활용했다. 뿐만 아니라 사원수는 추상대수학의 시작을 알렸다. 추상대수학은 추상적으로 이론을 전개하는 대수학으로 군, 환, 체를 대수구조로 하여 수학의 연관성을 찾아 특성을 파악하는 것이다. 복잡하고도 특성을 찾아내기 어려운 수학이라도 군, 환, 체로서 공통점을 찾는다면 해법이 가능한 것이 있다는 것이다. 추상대수학을 문법으로 생각한다면 대수학 문제가 어렵더라도 실마리를 해결할 열쇠가 될 수 있었다. 물론 추상대수학은 지금도 어려운 수학 분야이다.

대수학을 추상대수학으로 논리적으로 적용하여 규칙을 만든 수학자는 드 모르간Augustus De Morgan,1806~1871이다. 수학자 갈루아Évariste Galois, 1811~1832는 추상대수학의 한 부류인 군론으로 5차방정식 이상은 근의 공식을 구할 수 없음을 증명했다.

3차원 공간을 표현하기 위해 4개의 성분이 필요한 사원수는 수학자 기브스Josiah Willard Gibbs, 1839~1903의 연구를 통해 더욱 체계화한 수학 분야인 벡터의 발견을 가능하게 했다. 해밀턴은 사원수를 수학의 연구에만 한정했지만 기브스를 포함한 맥스웰James Clerk Maxwell, 1831~1879 같은 수학자이자 물리학자들은 사원수의 장점을 살려 전자기학에 응용하면서 확장시켰다.

그들은 사원수의 번거로운 실수부인 스칼라 부분만 따로 분리하고 벡터 부분만 따로 대수적 연산과 해석학을 정리하여 이론을 발표했으며 이를 통해 벡터의 연구가 진일보하게 되었다.

1905년 아인슈타인은 '움직이는 물체의 전기역학'이라는 논문을 발표하는 데 이것은 벡터의 영향이 크다. 즉 벡터는 사원수로부터 나왔지만 매우 유용하고 물리학과 응용수학의 기본언어가 된다.

고장난 시계의 페러독스는 '멈춰서 작동이 안 되는 시계가 더 정확하다'는 페러독스이다. 또한 장님이 문고리 잡는 격으로 한 번 정도는 일이 들어맞는다는 의미와도 상통한다. 주변 환경이 현재 나에게 기회를 주지 못하는 것으로 여겨지더라도 언젠가는 신념을 알아주어 기회가 온다는 말도 된다.

현재 자주 쓰이는 예가 있다. 2개의 시계가 있다. 하나는 작동하지 않고 멈춘 시계이다. 이 시계가 2시 7분에 정지해 있으면 하루 24시간 중 오전과 오후 2시 7분이 되는 두 번만은 시간이 맞는다.

다른 시계는 매일매일 1분씩 느려지지만 움직이고 있다. 이 시계는 하루에 단 한 번도 시간을

2시 7분에서 멈춘 시계와 하루 1분씩 늦어지는 시계 중 어느 시계가 더 가치 있을까?

맞출 수 없다. 이 시계가 원래의 시간과 일치하기 위해서는 12시간을 따라잡아야 한다. 따라서 하루에 1분씩 느려지므로 12시간을 따라 잡으려면 무려 2년의 시간이 걸린다. 2년마다 오로지 1차례만 맞는 시계인 것이다.

여러분의 생각은 어떠한가? 여러분은 어떤 시계가 더 낫다고 생각하는가? 멈춰진 시계? 하루에 1분씩 느리게 작동하는 시계? 패러독스에 따르면 멈춘 시계이지만 하루에 2번만 맞는 것이 하루에 1분씩 느린 시계보다 더 낫다고 한다. 루이스 캐럴 역시 단편 소설에서 멈춘 시계가 더 낫다고 했다. 물론 이 의견에 모두 수긍할 필요도 이유도 없다. 다만 왜 수긍하지 못하는지 옳고 그름을 떠나서 논리를 따져 패러독스적 사고로 그 이유를 생각해보자.

그중 하나의 답을 제시한다면 다음과 같다.

시계는 작동이 될 때 시간을 가리키는 의의가 있다.

작동되지 않고 멈춰진 시계는 기능을 하지 못하므로 시간을 가리킨다고 보기 어렵다. 따라서 하루에 1분씩 느리게 작동되는 시계가 고장이 나 문제가 있더라도 시계로서는 기능을 하고 있으므로 고장난 시계보다 더 낫다고 볼 수 있다.

까마귀와 책상의 공통점

우리는 일상에서도 수수께끼를 많이 낸다. 수수께끼의 범위와 종류는 많다. 그중에서도 알쏭달쏭하게 질문하고 답을 맞추게 하는 언어유희 수수께끼도 우리가 즐기는 종류 중 하나다.

"발 없이 천리를 가는 것은?"에 대한 수수께끼의 답은 '소문'이다. 그렇다면 수학자인 루이스 캐럴의 《이상한 나라의 앨리스》에는 어떤 언어유희 수수께끼가 있을까?

제7장 이상한 티타임에서 모자 장수는 앨리스에게 다음과 같은 수수께끼를 냈다. 문제는 단순하다.

"까마귀와 책상의 공통점은?"

언어를 희화하기 좋아했던 작가의 특성에 따르면 영어로 된 문자의 동음이의어가 수수께끼의 답일 수도 있다. 이상한 티타임의 우왕좌왕한 탁자 위 어지러운 상황에서 이러한 수수께끼가 던져져 많은 독자들의 관심을 끌었다고 한다. 작가는 1896년 판 〈이상한 나라의 앨리스〉 서문에 답변을 내놓았지만 완전한 답변이라 보기 어려워 아직도 답을 찾고 있다.

작가는 까마귀와 책상의 공통점으로 'note'라는 단어를 설명했다. 우리말로 음조라는 뜻이 있다. 까마귀 같은 새에 해당하는 단어일 것이다. 그리고 '적는다'라는 뜻도 있으니 영단어 'note'가 공통점이라 했다. 그리고는 마지막에 다음과 같은 문장을 적었다.

"It is nevar put with the wrong end in front."

우리말로는 "그것은 결코 앞뒤가 바뀔 수는 없다"라는 것인데, nevar는 never의 오자이면서도 뒤에서부터 단어를 보면 까마귀가 된다. 까마귀는 raven이기 때문이다.

이것이 정말 100% 이해가 될 만한 답변인 것인지 의구심이 들 수도 있다. 만약 그런 생각이 는다면 그것은 그런 생각이 들도록 작가가 의도한 것은 아닐까?

유명한 퍼즐작가 샘 로이드는 추리작가 에드거 앨런 포의 예를 들기도 했다. 그는 에드거 앨런 포가 쓴 추리 소설 '까마귀'에서 bill이라는 단어와 tail(tale)이라는 단어를 주목했다. bill이라는 단어는 까마귀 같은 조류의 부리를 뜻한다. 그리고 책상에서는 계산서 같은 청구서를 뜻한다. 까마귀는 부리를, 책상은 계산서 같은 청구서를 '드러낸다'라는 뜻을 함축하는 것이다. 그리고 tail은 까마귀의 꼬리이며, tale은 책상에서 이야기를 써내려간다는 의미를 담고 있다.

영어로 eye와 I가 발음이 같아서 까마귀는 두 개의 눈eye를 갖고, 책상은 두 개의 I자 다리를 갖는다고 하여 공통점을 이야기하는 예도 있다. 19세기에는 지금과 달리 널찍한 책상 다리가 2개인 것이 흔했다.

까마귀는 검은색 깃털을 갖고 있고, 책상은 깃털에 검은 잉크를 적셔서 사용하기 때문에 공통점이 있다고 이야기하는 예도 있다.

flap이라는 '날개를 펄럭임'이라는 공통점도 있다고 하는데, 까마귀는 날개를 펄럭거리는 것을, 책상은 펄럭이는 날개를 접은 것으로 비유할 때 그 모양이 비슷해서 공통점으로 이야기하는 예도 있다.

그 외에도 여러 가지 답이 제시되었지만 정답은 작가 본인만이 알고 있을 것이며, 이미 답이 나왔을 수도 있고 아직 찾고 있을 수도 있다.

성공회 성직자의 아들이던 루이스 캐럴은 아버지의 뜻에 따라 성공회에서 서품을 받았다. 그러나 그는 신자들 앞에서 설교하는 것이 어색하고 두려웠다. 또한 어려서부터 말더듬이였기 때문에 설교하기에는 문제가 있었다. 이런 이유들로 인해 결국 수학자의 길을 걷게 되었지만 그가 이 수수께기를 만든 원인이라는 속설도 있다. 하지만 정확한 것은 아니다.

까마귀는 지능이 높고 꾀가 많으며 이것저것 재능이 많은 듯하지만 본질은 '까악' 소리만 내는 새에 불과하다. 만약 신자들 앞에서 설교하는 것이 사뭇 두려워 설교 도중 책상 앞에서 '탕탕' 두들기는 답답한 처지를 겪었던 루이스 캐럴은 어쩌면 이것이야말로 까마귀와 책상의 공통점이 아닐까 하고 생각했을 수도 있다.

여왕의 크로케 경기장

정원 입구의 커다란 장미 나무에 눈부실 정도로 하얀 장미가 피어 있었다. 그런데 정원사 세 명이 빨간색 물감으로 그 장미를 칠하고 있었다.

앨리스가 가까이 다가가자 정원사들의 이야기가 들렸다.

"파이브! 물감이 내게 튀잖아."

"일부러 그런 게 아냐. 세븐이 내

팔꿈치를 쳐서 그래."

"파이브! 넌 항상 남 탓하는 것이 문제야."

세븐이 파이브를 보며 말하자 파이브가 윽박지르듯 소리쳤다.

"넌 입닥쳐. 어제 여왕님께서 너 같은 놈은 목을 베어야 마땅하다고 하셨어."

"왜?"

"투! 너와는 상관없는 일이야."

세븐의 말에 파이브가 나섰다.

"너와는 상관없는 일이지만 말해줄게. 이 친구가 요리사에게 양파 대신 튤립 뿌리를 가져다 줬거든."

세븐이 들고 있던 붓을 던져버리더니 이야기를 하려다가 앨리스를 발견했다.

정원사들은 앨리스에게 고개 숙여 인사를 해왔다.

"저 괜찮다면 왜 흰 장미에다가 빨간색을 칠하고 있는지 말해줄 수 있나요?"

세븐과 파이브가 투를 바라보자 투가 속삭이듯이 말했다.

"여기에는 빨간 장미나무만 심어야 하는데 실수로 하얀 장미나무를 심었거든요. 여왕 폐하가 이걸 아시게 되면 바로 우리의 목을 베어버릴 거예요. 그래서 들키기 전에……."

그때 불안한 얼굴로 정원 저쪽을 살피던 파이브가 외쳤다.

"여왕 폐하다! 여왕 폐하다!"

순식간에 세 정원사가 땅바닥에 머리를 대고 납작 엎드렸다. 곧 저벅저벅 사람들이 걸어오는 소리가 들렸다.

여왕 폐하가 오는 모습을 보려고 고개를 내밀자 맨 앞에 크로케용 글러브를 손에 든 납작한 몸통의 병사들이 보였다. 그들은 정원사처럼 납작하고 길고 넓적한 직사각형의 몸 네 귀퉁이에 팔과 다리가 달려 있었다.

그 뒤를 따라 온몸을 다이아몬드로 치장한 열 명의 신하가 오고 있었다. 계속해서 하트 장식으로 치장한 귀여운 왕실 자녀들 열 명이 둘씩 손을 잡고 즐겁게 뛰어오고 있었다. 그 다음은 초대받은 손님들이었는데 대부분 왕과 왕비였다.

앨리스는 그들 사이에서 하얀 토끼를 발견했다. 억지 미소를 지으며 초조한 기색으로 연방 무슨 말인가를 하고 있는 토끼 뒤로는 진홍색 벨벳 쿠션 위에 왕관을 받쳐 든 하트 잭이 보였다. 그리고 행렬의 마지막에는 하트 여왕과 왕이 있었다.

앨리스는 정원사들처럼 바닥에 납작 엎드려야 할지 말아야 할지 갈팡질팡했다. 여왕의 행렬은 처음이었기 때문에 이런 경우 어떻게 해야 할지 배운 적이 없었다.

결국 서서 행렬이 지나가길 바라는 앨리스의 앞에 여왕이 멈춰서더니 엄격한 말투로 하트 잭에게 말했다.

"이 아이는 누구냐?"

하트 잭이 머리를 조아린 채 아무 말도 못하자 여왕이 화를 냈다.

"바보 같은 놈."

그리고는 앨리스에게 물었다.

"얘야 네 이름이 뭐지?"

"저는 앨리스라고 합니다, 여왕 폐하."

공손하게 대답하면서도 앨리스는 속으로 다른 말을 하고 있었다.

'아무리 큰 소리를 쳐도 겨우 카드일 뿐이니까 겁 먹을 거 없어.'

여왕이 장미나무 주위에 엎드려 있는 정원사들을 봤다.

"이들은 누구지?"

여왕은 정원사들이 너무 바짝 엎드려 있어 그들이 정원사인지 병사인지 여왕의 세 아이인지 전혀 구분할 수 없었다.

"제가 그걸 어떻게 아나요? 저와 상관없는데."

용감한 앨리스의 말에 화가 난 여왕이 성난 맹수처럼 고함을 치기 시작했다.

"당장 이 계집의 목을 쳐라!!"

"말도 안 돼."

앨리스가 큰 소리로 외치자 여왕이 멈칫했다. 옆에서 칼의 손잡이에 손을 얹고 있던 왕이 조심스럽게 여왕에게 말했다.

"아직 어린 아이인데 너그럽게 봐줘요."

여왕은 화가 치밀어 올랐지만 최대한 참고 하트 잭에게 명령했다.

"저것들을 뒤집어라."

하트 잭이 정원사들을 뒤집었다.

"일어나라!"

여왕의 명령에 벌떡 일어난 정원사들이 여왕과 왕, 신하들을 향해 꾸벅꾸벅 절을 하기 시작했다.

여왕이 장미나무를 살펴보자 정원사 중 투가 떨리는 목소리로 말했다.

"여왕 폐하, 용서해주세요. 저희는 최선을 다해서……."

장미나무를 살펴보던 여왕이 소리쳤다.

"알 만하구나. 저자들의 목을 쳐라."

명령을 내린 여왕이 다시 움직이기 시작하자 불쌍한 정원사들이 덜덜 떨며 앨리스 뒤로 몸을 숨겼다.

앨리스가 그들을 가까이에 있던 커다란 화분에 숨겨주자 그들을 찾던 병사들은 포기하고 행렬을 따라갔다.

돌아온 병사들을 본 여왕이 물었다.

"목을 베었느냐?"

"분부대로 거행했습니다. 여왕 폐하."

"좋아! 크로케를 할 줄 아느냐?"

멀찌감치서 행렬을 뒤따르던 앨리스는 자신에게 하는 말임을 깨닫고 소리쳐 대답했다.

"네, 여왕 폐하."

"그럼 따라오너라."

무슨 일이 생길까 궁금해진 앨리스가 뒤를 따라가는데 누군가 말을 걸었다. 하얀 토끼였다. 반가워진 앨리스가 말했다.

"공작부인은 어디 있어?"

"쉿 조용해. 공작부인은 사형 선고를 받았어. 여왕의 뺨을 때렸거든."

앨리스가 킥킥거리며 웃자 기겁한 토끼가 속삭였다.

"그만해. 여왕 폐하가 들으면 어쩌려고. 공작부인이 조금 늦어서 여왕 폐하가……."

그때 여왕이 크게 소리 질렀다.

"모두 제자리로!"

어느 새 경기장에 도착해 있었다. 사람들이 우왕좌왕 앞다투어 각자의 위치로 달려갔다. 엉망진창이었던 경기장은 곧 제자리를 찾았고 경기가 시작되었다.

앨리스는 평생 이렇게 이상한 크로케 경기를 본 적이 없었다. 살아 있는 고슴도치가 크로케 공이었고 플라밍고가 방망이였으며 몸을 구부린 병정들이 아치형의 골대가 되었다.

방망이인 플라밍고를 겨우 잡아 겨드랑이에 끼고 기다란 목을 펴서 고슴도치를 치려고 하면 플라밍고가 고개를 들어 우스꽝스런 표정으로 앨리스를 빤히 쳐다봤다.

그 모습을 볼 때마다 웃음을 터뜨렸지만 열심히 잡고 공을 치려고 하면 어느새 고슴도치는 달아나버리고 없었다. 그래서 이번에는 가까스로 고슴도치를 잡아다가 치려고 하면 고랑이 패어 있거나 병사들이 사라져 보이지 않았다.

경기장은 아수라장이 되어가고 있었다. 모든 선수들이 순서 없이 공을 치려고 악을 썼고 주먹다짐을 하기도 했으며 여왕은 이 꼴을 보고 1분에 한번 꼴로 끔찍한 소리를 질러댔다.

"저놈의 목을 쳐라. 저 여자의 목을 쳐라!"

불안해진 앨리스는 언제 여왕이 자신의 목을 치려고 할지 몰라 도망가기로 했다.

누구에게도 들키지 않고 빠져나가기 위해 주변을 살피던 앨리스는 공중에 떠 있는 이상한 것을 발견했다. 처음에는 그것이 무엇인지 몰랐지만 곧 고양이의 미소라는 것을 깨달았다.

"어때? 크로케 경기 재미있어?"

말을 할 수 있을 정도로 입이 생긴 고양이가 말했다.

앨리스는 고양이의 귀가 생기길 기다렸다.

'아직 귀가 없으니 말해 봐야 소용없을 거야. 그러니 기다리자.'

잠시 뒤 고양이의 얼굴이 모두 나타나자 말할 상대가 생긴 것이 너무 기뻤던 앨리스는 안고 있던 플라밍고를 내려 놓고 이야기를 시작했다.

"저 경기는 규칙도 없고 싸우기만 해 순 엉터리야. 너무 시끄러워서 아무 소리도 들리지 않고 살아 있는 것들로 크로케 경기를 한다는 것도 너무 힘들어. 공 노릇하는 고슴도치는 도망치지 방망이인 플라밍고는 말을 안 듣지 골대를 하는 병사들은 어디 갔는지 보이지도 않아. 한 마디로 엉망진창이야!"

"여왕은 마음에 드니?"

"전혀! 여왕은 거의 미친……."

바로 그때 앨리스는 자신의 뒤에 여왕이 와 이야기를 듣고 있다는 것을 깨닫고 재빨리 말을 바꾸었다.

"이기고 있어. 그래서 어려운 경기도 끝까지 할 필요가 없을 정도야."

여왕이 미소를 지으며 앨리스 옆을 스쳐지나갔다.

그리고 왕이 다가오다가 공중에 떠 있는 고양이의 얼굴을 보고 깜짝 놀랐다.

“제 친구인 체셔 고양이를 소개합니다.”

호기심 가득한 눈으로 왕이 고양이를 흘끔흘끔 쳐다보며 말했다.

“생긴 것은 영 마음에 안 들지만 원한다면 내 손에 키스해도 좋아.”

“싫어요.”

체셔 고양이가 딱 잘라 말하자 왕이 슬금슬금 앨리스 뒤로 몸을 숨겼다.

“고양이에게도 왕을 바라볼 자유가 있대요.”

영국 속담이 생각난 앨리스의 말에 왕은 단호하게 고개를 흔들더니 여왕을 불렀다.

“기분 나빠 없애버려야 해! 여왕 저 건방진 고양이를 없애준다면 좋겠소.”

골칫거리를 해결하는 방법을 하나밖에 모르는 여왕이 명령을 내렸다.

“당장 목을 베어버려.”

왕이 사형집행인을 데리러 신나서 달려가자 앨리스는 여왕의 목소리가 잘 들리지 않는 곳에서 경기를 구경하는 것이 좋을 것 같다는 생각에 자리를 옮기기 시작했다.

경기장에 들어가 보니 고슴도치 두 마리가 엉켜 싸우고 있었다. 앨리스는 두 마리 중 한 마리는 칠 수 있을 거 같아 방망이인 플라밍고를 찾았다. 한참을 두리번거리다가 경기장 건너편 나무 위로 날아가는 플라밍고를 발견한 앨리스는 겨우 잡아와 다시 고슴도치를 치려고 했지만 이미 사라진 뒤였다.

"골대 역할을 할 병사들도 없으니 할 수 없지 뭐."

앨리스는 한숨을 쉰 뒤 플라밍고가 도망치지 못하도록 겨드랑이에 끼고 고양이에게로 돌아갔다.

고양이 곁에는 모든 이들이 모여 입씨름 중이었다. 왕과 여왕, 사형집행자까지 모두 흥분해서 떠들어대고 있었고 다른 이들은 불안한 얼굴로 서로를 쳐다보고 있었다.

사형집행자는 고양이가 머리만 있고 몸통은 없으니 목을 벨 수 없다고 했다. 왕은 머리가 있으면 모든 생물의 목을 벨 수 있는데 무슨 헛소리냐고 호통쳤다. 여왕은 고양이의 목을 당장 베지 못하면 여기 있는 모든 자들의 목을 베겠다고 외쳐댔다.

앨리스는 잠시 생각하다가 말했다.

"저 고양이는 공작부인의 것이니까 공작부인에게 물어보세요."

"감옥에 있는 공작부인을 당장 끌고 와!"

여왕의 명령에 사형집행자가 쏜살같이 달려갔다. 하지만 공작부인을 데려왔을 때는 체셔 고양이는 흔적도 없이 사라진 뒤였다.

당황한 왕과 사형집행자가 고양이의 머리를 찾기 위해 뛰어다니는 동안 다른 사람들은 계속 크로케 경기를 하기 위해 경기장으로 돌아갔다.

앨리스 속 42와

소수

제8장 '여왕의 크로케 경기장' 초입부에서 장미에 빨간색을 칠하고 있는 카드 정원사들의 숫자는 각각 2, 5, 7로 이는 소수에 해당한다. 소수인 카드 정원사들의 수 2, 5, 7을 모두 더하면 14이다. 그런데 이 소수들은 10 이하 소수 중 3이 빠진 상태다.

《이상한 나라의 앨리스》에 자주 등장하는 숫자 42를 소수와 관련해 생각하면 의아한 점이 있다. 소수를 더한 값에 빠진 소수 3을 곱하면 14×3=42이다. 그리고 《이상한 나라의 앨리스》의 삽화의 개수를 모두 더하면 42이다. 우연일까?

실제로 작가는 42라는 숫자에 의미를 부여한 것이다. 심지어 루이스 캐럴은 42세일 때 《이상한 나라의 앨리스》를 출간했다고 한다. 작가는 42라는 숫자를 소중하게 생각한 것이다.

마지막 장인 12장에도 앨리스가 법정에 섰을 때 등장하는 규칙으로 제42항이 있다. 42항의 내용은 키가 약 1.61km 이상 되는 사람은 퇴장한다는 말도 안 되는 조항이다. 여기에도 숫자 42가 등장하여 작가의 숫자에 대한 애착심을 보여준다.

신비의 수 소수

소수 중 가장 작은 수는 2이다. 그리고 소수 중에서 유일한 짝수이다. 2를 제외하고는 소수는 모두 홀수이기 때문이다.

소수는 곱셈을 배우면서 알게 되는 수인 사실을 뒤늦게 알기도 한다. 예를 들어 자연수 6을 보자. 6은 2×3의 곱하기로 나타낼 수 있는 수이다. 그리고 2와 3은 소수이다. 2와 3은 1과 자신의 수 외에 약수를 갖지 않는다. 꼭 6이라는 수를 쪼갠 것처럼 2와 3의 두 수의 곱으로 나타낼 수 있다. 그러나 1×6으로 6을 나타내면 1은 소수도 합성수도 아니고, 6은 합성수이므로 소수가 아니다. 105는 3×5×7이므로 3, 5, 7의 소수가 3개이다.

그렇다면 소수는 무엇을 의미하는 것일까? 단순히 쪼개지는 숫자로 인식이 되지만 소수는 자연 상태의 기본 요소로 생각되는 수이다. 곱하기를 하면서도 충분히 배워볼 수 있는 수이지만 소수의 성질에 대해 증명하기는 매우 어렵다. 그래서 아직도 '리만의 가설'은 소수의 패턴을 증명해야 하는 것인데, 미해결 문제로 남아 있다.

첫 소수의 흔적은 2만 년 전 즈음에 아프리카 콩고에서 발견된 이샹고 뼈ishango bone에서 발견된다. 이샹고 뼈는 개코 원숭이의 종아리뼈인데 인

류는 오래전에 뼈에 새긴 눈금으로 소수인 11, 13, 17, 19를 표시한 것이다.

소수의 기본 성질에 대해 연구했던 고대 그리스인들은 최대공약수를 구하면서 소수를 발견한 걸로 보인다. 유클리드의 《원론》에는 최대공약수를 구하는 호제법을 소개하고 있다.

225와 145의 최대공약수를 구해보자.

$225=3^2\times5^2$, $145=5\times29$로 소인수분해 되므로 공통되는 약수 중 가장 작은 수가 소수 5이기 때문에 최대공약수가 5라는 것을 알 수 있다.

그러나 유클리드 호제법은 다르게 풀이한다. 우선 두 수 225에서 145를 뺀다.

$225-145=80$

여기서 80은 145보다 작은 수이므로 145에서 80을 뺀다.

$145-80=65$

65는 80보다 작은 수이므로 80에서 65를 뺀다.

$80-65=15$

15는 65보다 작은 수이므로 65에서 15를 뺀다.

$65-15=50$

50은 15보다 큰 수이므로 50에서 15를 뺀다.

$50-15=35$

35는 15보다 큰 수이므로 35에서 15를 뺀다.

$35-15=20$

20은 15보다 큰 수이므로 20에서 15를 뺀다.

$20-15=5$

5는 15보다 작은 수이므로 15에서 5를 뺀다.

$15-5=10$

10은 5보다 큰 수이므로 10에서 5를 뺀다.

$10-5=5$

5와 5는 같은 수이므로 두 수를 빼면 0이다.

$5-5=0$

이와 같은 과정을 거쳐 최대공약수는 5가 되었다. 여러 번에 걸친 계산의 흐름을 따른 알고리즘이다. 유클리드의 호제법은 최초의 알고리즘이다.

'소수의 개수는 무한하다'는 것을 유클리드가 증명함으로써 소수는 점점 더 많은 수학자들에게 연구할 가치가 있다고 인식되었다. 또한 유클리드는 모든 수는 소수와 합성수를 구분해야 한다고 강조했다. 소수와 합성수로 구분하는 것은 산술에서 매우 중요하다고 생각했기 때문이다. 소수는 다양한 방법으로, 아직까지도 완전하게 이해하지 못하는 미스터리하면서도 어려운 수이다.

가짜 거북 이야기

"얘야, 널 다시 만나게 되어 얼마나 기쁜지 넌 모를 거야."

공작부인이 다정하게 앨리스를 껴안으며 말했다.

앨리스와 공작부인은 팔짱을 끼고 미치광이들이 아우성치는 듯한 크로케 경기장을 떠났다.

다정한 공작부인의 태도에 부엌에

서 봤던 공작부인은 후춧가루 때문이었을 거라고 생각하며 앨리스는 기뻐했다.

'내가 공작부인이 된다면 부엌에 후추를 두지 않을 거야. 후추가 안 들어간 수프가 훨씬 맛있거든. 후춧가루 때문에 성질이 급해진 걸 수도 있어. 식초는 사람을 까다롭게 만들고 카모마일은 날카롭게 만들어. 하지만 보리사탕이나 설탕을 먹은 애들은 부드럽고 달콤해질 거야. 세상 사람들이 이런 사실을 알면 훨씬 여유로워질 텐데…….'

생각에 잠겨 공작부인이 있다는 사실을 잊은 앨리스에게 공작부인이 부드러운 목소리로 말했다.

"얘야, 말이 없는 것을 보니 딴 생각을 하고 있었지? 확실하진 않지만 그러면 안 된다는 속담이 있단다."

"그런 속담이 어디 있어요?"

"우리가 모를 뿐 세상 모든 일에는 나름대로 어울리는 속담이 있는 거야."

공작부인이 바짝 다가와 이렇게 말하자 앨리스는 달갑지 않아졌다. 공작부인이 너무 못생겼고 뾰족한 턱이 앨리스의 어깨에 걸쳐져 아팠기 때문이다. 앨리스는 크로케 경기장을 돌아보았다. 멀리에서 보는 크로케 경기는 제법 그럴 듯해 보였다.

"이제 경기가 좀 괜찮아 보이네요.

"그렇구나. 이런 속담도 있어. 사랑이 있으면 일이 잘 풀린다."

"그런 속담은 누가 만들었나요? 모두 자기 일을 열심히 하면 아무 문제 없을 거예요."

공작부인은 뾰족한 턱으로 앨리스의 어깨를 누르며 말했다.

"그래. 그것도 마찬가지야. 뜻을 정확히 알면 소리는 저절로 나온다는 말도 있는데 결국 같은 뜻이야."

앨리스가 둘러대는 데는 선수라고 생각하고 있는데 공작부인이 계속 말을 이어갔다.

"내가 왜 네 허리에 팔을 두르지 않는지 궁금하니? 그것은 네 겨드랑이에 끼고 있는 플라밍고가 날 물지도 몰라서야. 하지만 한 번 해볼까?"

"물지도 몰라요."

"맞아. 플라밍고랑 겨자는 둘 다 잘 물지(물다와 톡 쏘는 맛은 bite로 단어가 같다). 한 마디로 끼리끼리 어울리는 거야."

"겨자는 새가 아닌데요?"

"그럼 겨자는 무엇으로 만들까?"

"아마도 광물일 거예요."

"이 근처에 겨자가 많이 나는 광산이 있어. 내 것이 많으면 많을수록 네 것은 줄어든다란 말도 있어(내 것과 광산은 mine으로 단어가 같다)."

공작부인의 말을 건성으로 듣고 있던 앨리스는 자신의 말이 틀린 것을 깨달았다.

"아, 겨자는 채소예요. 그렇게 보이지 않지만 채소예요."

"네 말이 맞아. 그럴 때는 되고 싶은 것이 되어라라는 속담이 어울릴 거야. 남이 보는 나와 나 자신이 다르지 않다고 상상하는 것이다. 현재의 나도 보이지 않는 먼 미래의 나도 다른 것이 될 수 없기 때문이란 뜻이지."

"무슨 말인지 모르겠어요. 글로 써주신다면 모를까 말로만 듣고서는 이해하지 못하겠어요."

"그냥 멋대로 말하는 거야. 사실 더 복잡하게 말할 수도 있지만 이건 모두 네게 주는 선물이야."

'별 선물이 다 있네. 생일선물이 아닌 것이 다행이야.'

앨리스가 속으로 생각하는 사이 공작부인이 뾰족한 턱으로 어깨를 찌르며 나무라듯 말했다.

"또 다른 생각을 하고 있구나."

앨리스는 좀 성가시다는 생각이 들었다. 그때 또 다시 말을 하려던 공작부인이 부르르 떨었다. 앨리스가 앞을 보자 못마땅한 얼굴을 한 여왕이 팔짱을 낀 채 두 사람 앞에 서 있었다.

"폐하, 안녕하십니까?"

풀 죽은 목소리로 공작부인이 인사하자 여왕이 발로 땅을 차며

소리쳤다.

"당장 꺼지지 않으면 목을 벨 테다!"

순식간에 공작부인이 사라지자 여왕은 앨리스의 손을 잡고 경기장으로 향했다.

잔뜩 겁에 질린 앨리스는 아무 말도 못하고 여왕을 따라 크로케 경기장으로 갔다. 나무 그늘에서 쉬고 있던 손님들은 여왕을 보자마자 허겁지겁 경기를 시작했고 다행스럽게도 여왕은 그들의 휴식을 눈치채지 못했다.

경기는 여전히 우왕좌왕이었다. 아우성 속에 여왕은 저놈의 목을 베어라 저 여자의 목을 쳐라를 외쳐댔고 여왕의 명령에 골대가 되어 있던 병사들은 일어나 선수들을 처형하기 위해 떠나갔다. 결국 30분이 지나자 경기장은 텅 비어 여왕과 왕과 앨리스만 남았다.

여왕이 거친 숨을 몰아쉬며 앨리스를 바라보았다.

"너는 가짜 거북을 본 적이 있느냐?"

"거북이 뭔지도 모르는데요?"

"가짜 수프를 만드는 가짜 거북을 모른다면 따라오너라. 가짜 거북이 너에게 자기 이야기를 해줄 거다."

앞장 서서 걷는 여왕의 뒤를 따르던 앨리스는 왕이 나지막한 목소리로 선수들에게 하는 말을 들었다.

"너희 모두를 용서한다."

여왕의 사형 선고를 받은 선수들이 불쌍했던 앨리스는 왕의 이야기에 마음을 놓았다.

여왕과 앨리스는 얼마 안 가 잠들어 있는 그리핀을 만났다.

"일어나, 이 게으름뱅아. 이 아이를 가짜 거북에게 데려가 그가 살아온 이야기를 듣게 해줘. 난 돌아가서 처형이 잘 되고 있는지 봐야 하니까."

앨리스는 머리, 앞발, 날개는 독수리이고 몸과 뒷발은 사자인 그 동물의 괴상한 생김새가 마음에 들지 않았지만 난폭한 여왕과 함께 있는 것보다는 훨씬 안전할 거라고 생각했다.

졸린 눈을 비비며 일어난 그리핀은 여왕이 완전히 사라질 때까지 지켜보더니 낄낄거리며 중얼거렸다.

"나 참 우스워서……."

"뭐가 우스운데?"

"여왕 말야. 모든 것이 상상일 뿐 처형 같은 것은 있지도 않아. 자, 가자."

앨리스는 그리핀의 뒤를 따라가다가 바위 위에 슬픈 얼굴로 쓸쓸하게 앉아 있는 가짜 거북을 발견했다.

"왜 저렇게 슬퍼하는 거야?"

"저것도 가짜 거북의 상상일 뿐 실은 가짜 거북이 슬퍼할 일 따위는 아무것도 없어."

눈물이 그렁그렁한 가짜 거북에게 가는 동안 그린핀이 비꼬듯 설명했다.

"이 어린 아가씨가 네 이야기를 듣고 싶다는군."

"이야기를 할 테니 둘 다 앉아. 내가 이야기를 끝내기 전까지는 둘 다 아무 말도 하지 마."

슬픈 목소리로 가짜 거북이 말하자 그리핀과 앨리스는 입을 다물고 기다렸다. 그리고 한참이 지나도 아무 말이 없자 앨리스는 짜증이 났지만 참을성 있게 더 기다렸다.

깊은 한숨과 함께 가짜 거북이 이야기를 시작했다.

"옛날 옛적에는 나도 진짜 거북이었어."

그 말을 하고 다시 훌쩍이는 소리만 들릴 뿐 오래도록 아무 말이 없자 앨리스는 당장 일어서서 재밌는 이야기 잘 들었으니 갈게라고 말할 뻔했다. 하지만 마땅히 갈 데가 없었기에 기다릴 수밖에 없었다.

"어렸을 적에는 바닷속에 있는 학교를 다녔어. 늙은 바다거북이었던 선생을 우리는 거북이라고 불렀어."

"기북이니까 거북이라고 불렀겠지."

"그분이 우릴 가르쳤기taught 때문에 거북이tortoise라고 부른 거야. 넌 바보구나."

"뻔한 것을 묻다니 부끄럽지도 않아? 이봐 친구 계속 이야기해. 이러다 해가 지겠어."

괴상하게 생긴 동물 두 마리가 핀잔을 주자 앨리스는 땅 속으로 꺼져버리고 싶었다.

"믿어지지 않겠지만 우리는 바닷속 학교에서 훌륭한 교육을 받았어. 학교에 다니면서 말이야."

"나도 학교에 다니니 그건 으스댈 일이 아니야."

"특별활동도 있어?"

"특별활동으로 프랑스어와 음악을 배워."

"세수하는 법은?"

"그런 걸 왜 배워?"

"너희 학교는 정말 좋은 학교가 아니야. 우린 특별활동 시간에 세수하는 법도 가르치거든."

"바닷속에 살면 세수할 필요 없잖아."

"정규 과목이라 배워야 했어. 비틀거리기, 몸부림치기부터 수학으로 야심, 정신 혼란, 조롱, 추화 같은 것을 배웠어."

"추화라는 과목은 처음 들어. 그게 뭐야?"

그리핀이 앞발을 흔들며 어이없다는 듯이 말했다.

"추화를 몰라? 그럼 미화는 알겠지?"

"미화는 어떤 것을 예쁘게 만드는 거야."

"미화를 알면서 추화를 모른다니 넌 바보가 틀림없어."

앨리스는 그리핀과 이야기할 기분이 들지 않아 가짜 거북에게 물었다.

"그거 외에 또 뭘 배웠어?"

"신비를 배웠어. 고대와 현대의 신비, 해양지리학, 느릿하게 말하기. 느릿하게 말하기 선생님은 늙은 뱀장어였어. 느릿하게 말하기 선생님은 일주일에 한 번씩 와서 느릿하게 말하기, 뻗치기, 몸을 말아서 기절한 척하기를 가르쳤지."

"어떻게 하는 건데?"

"지금은 보여줄 수 없어. 난 서툴러서 안 되고 그리핀은 못 배웠거든."

"대신 난 고전을 배웠어. 고전 선생은 늙은 게였어."

그리핀이 변명하듯이 말하자 가짜 거북이 한숨을 내쉬었다.

"그럼 하루에 몇 시간씩 공부했어?"

"첫날은 10시간, 다음날은 9시간, 그 다음날은 8시간의 순서로 매일 한 시간씩 줄어들었어."

"그거 참 이상한 시간표네?"

"이상하지 않아. 하루하루 줄어드니까lessen 수업lesson이지."

"그럼 11일째는 쉬겠네?"

"물론이지"

"그럼 12일째는 어떻게 지내?"

"수업 이야기는 그만하고 이제 다른 이야기를 해줘."

그리핀이 단호하게 앨리스의 질문을 막았다.

zero sum game!

제로섬 게임

《이상한 나라의 앨리스》의 9장에는 가짜 거북의 이야기 부분에서 제로섬 게임을 등장시키고 있다. 제로섬 게임이 나오는 대목은 다음과 같다.

“이 근처에 커다란 겨자 광산이 있단다. 그리고 그것의 교훈은 이런 것이지. ‘내 것이 점점 많아질수록, 다른 사람의 것은 점점 적어진다.”

앨리스와 공작부인이 나누는 대화에서 나오는 구절이다. 공작부인은 모든 세상의 돌아가는 일에는 교훈이 있다고 믿는 사람이다. 둘의 대화에는 스무고개질문이 있다. 질문은 "그것은 동물입니까? 광물입니까? 식물입니까?"이다. 당시 영국에서는 스무고개 퀴즈가 유행했는데, 이것이 《이상한 나라의 앨리스》에 반영되었다.

또한 언어적 유희가 들어간 위트 있는 문장들도 발견할 수 있다. 대화의 의미를 변형하여 엉뚱한 대화를 전개시킨 것이다. 그중에서 영어로 mine은 '내 것'과 '광산'이라는 의미를 모두 가지고 있다. 하지만 앨리스는 공작부인의 말에 귀를 기울이지 않고, 스무고개의 질문에만 집중해 겨자는 채소라는 결론에 도달한다.

제로섬 게임은 승자독식을 설명할 때 많이 나오는 용어로 한쪽이 이득을 보면 다른 한쪽은 손실을 보게 되어 결국은 합하면 0이 되는 것을 말한다. 이득을 본 금액과 손실을 본 금액을 합하면 0이 되는 것이다. "내가 너를 눌러야 난 살 수 있다.(혹은 승리한다)"가 되는 다소 강압적이고도 잔혹한 전략으로 불리기도 한다. 제로섬 게임의 예로는 선거와 경마 게임, 옵션거래, 포커 게임 등이 있다.

제로섬 게임은 1971년 레스터 서로Lester Carl Thurow, 1938~2016의 저서 《제로섬 사회》에서 처음으로 소개한 용어이다. 경제가 더 이상 성장하기 않은 상태로 유지되면 제한된 자원을 위해 서로 경쟁하는 상태가 되는데 이것이 제로섬 사회이다.

제로섬 사회는 파이 1조각을 분배하는데 더 갖는 자와 그만큼 갖지 못하는 자 간의 경쟁사회를 예로 들어 설명한다. 당연히 경쟁은 치열할 수밖에 없다.

제로섬 게임은 경제학 연구에서 시작한 단어이지만 수학 분야에서도 많이 사용한다.

게임전략

게임이론으로도 불리는 게임전략은 1920년에 폰 노이만John von Neumann, 1903~1957이 모르겐슈테른Oskar Morgenstern, 1902~1977과 함께 공저한 《게임이론과 경제적 행동》에 소개한 것을 시작으로 보고 있다.

그런데 《이상한 나라의 앨리스》는 게임 이론의 하나인 제로섬 게임을 55년이나 앞서 언급했다.

'게임의 결과로 인한 이익의 합은 0이다'로 이론의 전개가 발견된 것이다.

한편 인간은 이기심을 가지고 이익만을 꾀하는 단순한 존재라고 봤던 폰 노이만은 미국과 소련이 대립하던 냉전시대에 핵미사일의 첨예한 대립에도 제로섬 게임의 원리를 적용시켰다. '내가 강하게 무장해야 상대방과의 경쟁에서 뒤처지지 않은 강한 전략을 취할 수 있다.'라는 논리를 주장한 것이다. 그러나 이 전략은 게임의 우위전략으로만 보일 수 있어서 문제점이 발견되었다.

폰 노이만의 《게임이론과 경제적 행동》을 읽은 20대 초의 존 내시John Nash,1928~2015는 1950년 27쪽 짜리 논문을 발표했다. 바로 내시균형이다. 그는 44년 후인 1994년 내시균형으로 노벨 경제학상을 수상했다.

내시균형은 경제학과 수학, 범죄학, 정치학, 생태학, 군사 전략, 기업 전략, 인공지능 등에도 많이 사용하는 이론으로 광범위하게 활용되고 있다. 축구 경기에서 승부차기와 패널티 킥도 선수들의 심리를 활용하는 내시균형의 예로 꼽힌다. 경기나 게임에서 상대방의 행동에 따라 자신의 대응상황을 최대한 유리하게 선택하는 것이 내시균형의 기본 이론이기 때문이다. 게임 선수들은 내시균형 이론대로 자신의 전략을 바꾸지 않는 것이다.

내시균형이 발표한 1950년에는 게임이론의 하나인 죄수의 딜레마도 세상에 선보여졌다.

죄수의 딜레마는 비제로섬 게임으로, 합리적 선택이 오히려 불리한 결과로 이어진다는 모순이론이다. 내시균형을 딜레마로 빠지게 하는 것이다.

미국 싱크탱크 랜드연구소의 멜빈 드레서와 메릴 플로드, 엘버트 터커가 만든 이론으로, 경찰이 구치소에 A와 B 두 명의 죄수를 따로 가두었다고 하자. 경찰은 죄수에 대해 죄목에 대한 혐의 입증을 완전히 하기 어려워 즉각 3가지 제안을 하기에 이른다. 3가지 제안은 다음과 같다.

1 둘 중 한 명이 범죄를 자백하면 한 명은 풀어주고 다른 한 명은 더 무거운 형벌에 처한다.
2 둘 다 침묵하면 범죄에 대한 입증이 부족하므로 죄를 물을 수 없게 된다. 그래서 다른 범죄를 적용하여 둘 다 가벼운 형벌에 처한다.
3 둘 다 범죄를 자백하면 위의 1, 2의 형량의 $\frac{1}{2}$로 해주겠다.

3가지 제안을 표로 제시하면 다음과 같다.

n	B가 자백할 때	B가 침묵할 때
A가 자백할 때	둘 다 6년형	A는 석방, B는 10년형
A가 침묵할 때	A는 10년형, B는 석방	둘 다 2년

가장 잘 선택했다고 생각하는 것은 도표에서 A와 B가 둘 다 침묵했을 때이다. 둘 다 2년형으로 끝나기 때문이다. 그러나 A가 자백하는 것이 자신에게 유리하다고 생각하거나, B도 침묵보다는 자백이 더 낫다고 선택할 수 있다. 따라서 둘 다

자백하여 둘 다 6년 형의 처벌을 받게 된다. 그 결과 둘의 형벌에 대한 합이 12년 형이되어 A가 자백하고 B가 침묵할 때와 A가 침묵하고 B가 자백할 때의 합인 10년 형보다 더 긴 형벌을 받는 셈이다. 각자의 이익추구의 행동결과가 불리한 결과를 낳은 것이다.

등차수열과 음수의 등장

수학자였던 루이스 캐럴이 필명으로 쓴 《이상한 나라의 앨리스》에는 수학적인 내용을 담고 있는데 그중 하나가 이 등차수열이다.

9장에서 앨리스는 그리핀과 가짜 거북이의 이야기를 들으러 간다. 가짜 거북이는 바다 속 학교를 다녔는데, 늙은 거북 교사로부터 수업을 받았으며 바다 속 학교를 다녔다고 한다. 앨리스가 거북의 이름이나 수업에 대해 질문하자 가짜 거북은 육지 거북이 바다 속 교육을 배울 리 만무하며 자신은 최고의 교육을 받았다고 자랑한다.

가짜 거북이의 수업 내용은 대단히 해학적이다. 수업 내용을 말하는 중에 영어 발음이나 단어가 비슷하거나 비슷한 발음이 나오는 것들도 내용에 재미를 더한다. 그중 몇 가지를 표로 정리하면 다음과 같다.

실제로 가짜 거북이 배운 것	가짜 거북이 배운 것을 해학적으로 나타낸 것
reading(읽기)	reeling(비틀거리기)
writing(쓰기)	writhing(몸부림치기)
drawing(그리기)	drawling(느릿하게 말하기)
sketching(스켓칭)	stretching(뻗치기)
painting in oils(유화)	fainting in coils(몸을 말아서 기절한 척하기)
addition(덧셈)	ambition(야심)
subtraction(뺄셈)	distraction(정신혼란)
multiplication(곱셈)	uglification(추화)
division(나눗셈)	derision(조롱)
history(역사)	mystery(신비)
geography(지리학)	seography(해양지리학)

그리핀도 나이 많은 게가 음악 선생이었는데, 웃는 것과 슬퍼하는 것을 배웠다고 이야기한다. 그들의 이야기를 듣던 앨리스가 수업 시간이 어떻게 되냐고 두 짐승에게 물어본다.

다음은 앨리스와 두 짐승이 대화하는 내용이다.

그들이 불쌍했던 앨리스가 재빨리 화제를 바꾸어 물었다.

"하루에 몇 시간 공부했어?"

"첫날은 10시간, 다음날은 9시간, 그 다음날은 8시간의 순서로 매일 한 시간씩 줄어들었어."

가짜 거북이 대답했다.

"그것 참 이상한 시간표네!"

앨리스가 놀라 말했다.

"조금도 이상하지 않아. 선생님들이 날이 갈수록 줄어들었거든."

앨리스는 두 짐승에게 매일 수업이 1시간씩 줄어든다면 11째 날에는 쉬었냐고 또 물어본다. 12

째 되는 날은 무엇을 하는지 물어본다.

등차수열은 수가 일정한 수만큼 늘어나거나 줄어드는 것이 규칙인 수열을 말한다. 가장 기본적으로 알 수 있는 수열은 우리가 자연수 1부터 시작하여 1, 2, 3, 4, 5, 6, 7, 8, 9, 10 순으로 1씩 일정하게 증가하는 것이 있다. 매우 쉬운 내용이며 여기서 일정한 차이를 공차라고 한다.

그런데 《이상한 나라의 앨리스》에 나오는 등차수열은 10부터 시작하여 1까지, 1씩 일정하게 줄어드는 등차수열을 소개한다. 이대로라면 1 다음은 0이 되어 11번째 수업에는 수업을 배울 수 없다. 짐승은 11번째에는 수업이 없었다고 하는데, 앨리스는 12번째에는 어떻게 지내느냐고 묻는다. 그러나 그리핀은 대답하지 못하고 이제 수업 이야기는 그만 하자고 한다.

수열의 원리대로라면 앞에서 1씩 감소한 만큼 12번째에는 −1, 13번째는 −2가 된다. 음수가 등장하게 되는 것이다. 물론 수업을 음수 시간으로 듣는다는 것은 성립하지 않는다.

등차수열에 대한 가장 유명한 에피소드

등차수열에 대한 유명한 에피소드가 있다. 수학왕으로 불리는 가우스의 10살 때 일이다. 1787년 가우스가 다니던 독일의 한 학교수업 중 수업 분위기가 엉망인 학생들이 조용해지길 바라던 선생님이 학생들에게 1에서 100까지 더한 값을 구하라는 문제를 냈다.

$$1+2+3+\cdots+100$$

대부분의 학생들은 그 문제를 보고 순서대로 더하기 시작했다. 100까지 모두 더하려면 꽤 많은 시간이 걸릴 수밖에 없는 문제였다. 여러분이라면 어떻게 풀겠는가?

이제 좀 조용해질 것이라고 믿었던 선생님은 5분 정도 지나자 문제를 다 풀었다는 학생에게 놀라게 된다. 바로 가우스였다. 5분 정도밖에 안 되는 시간으로 문제를 풀었다는 가우스의 말에 선생님은 진실인지 의심할 수밖에 없었다. 하지만 곧 가우스가 문제를 어떻게 해결했는지 풀이를 보고 놀라지 않을 수 없었다.

$$1+2+3+\cdots+100$$
$$100+99+98+\cdots+1$$

원래의 문제에 거꾸로 더한 것을 나타낸 식을 한 번 더 쓴 것이다. 가우스는 "위의 식과 아래 식을 더하면 항상 101이 됩니다. 그리고 101이 100개이니 101×100을 한 다음 그것을 2로 나누면 답이 됩니다."라고 대답했다.

그리고는 다음과 같은 계산방법으로 수식을 적었다.

$$\frac{100\times100}{2}=5050$$

후에 이것은 등차수열의 합을 구하는 공식으로 정형화되었다.

1부터 n까지의 합을 나타내는 공식은 $\frac{1}{2}n(n+1)$이다.

음수를 대수학에서 사용하게 되는 계기를 마련한 조지 히콕

3－2＝1이라는 것을 쉽게 계산할 수 있지만 2－3＝－1이라는 것을 계산하는 것은 이제 어렵지 않다. 그 이유는 음수(－)의 도입이 이루어져 수월하게 그 값을 알 수 있기 때문이다. 그러나 우리가 평상시에도 접하는 이 음수가 역사적으로 필요성이 인식되어 대수학에 널리 사용하게 된 것은 200년이 채 되지 않는다.

대수학은 기원전부터 계속 발전해온 수학 분야이다. 그런데도 18세기까지도 양수만을 사용하며 음수의 존재에 대해서는 크게 관심이 없었다. 길이나 넓이, 부피에서 실용적 수학을 계산할 때 양수로도 실생활에 큰 어려움은 없었기 때문이다.

그렇지만 음수의 존재를 인식했던 수학자들도 꾸준히 나타났다. 기원전 275년 디오판토스 Diophantus,246~330는 음수에 대해 인식은 하고 있었지만 기호를 몰랐던 터라 상상의 수로만 생각했다. 수학이 발달한 인도에서는 음수에 대해 조금 더 구체적으로 연구하며 음수의 중요성에 대해 토론하기도 했다. 중국도 3세기경 유휘의 《구장산술》에 음수의 존재가 기록되어 있다. 《구장산술》에서는 양수(+)를 자신의 재산으로 즉 소유하는 것으로 나타내고, 음수(−)를 빌린 돈으로 비유하여 사용했다. 그리고 양수는 빨간색으로 음수는 검은색으로 표기했다. 지금과는 반대되는 색으로 나타냈지만 수학적인 상징으로 나타낸 것이다.

5세기 인도의 수학자 브라마굽타Brahmagupta, 598~665도 음수를 나타내는 기호를 사용했다. 비록 현재와는 다르지만 기호로 표기할 정도로 음수의 존재를 인식하고 있었던 것이 놀랍다. 하지만 오랜 기간 대부분의 수학자들은 음수를 커다란 이슈로 생각하지 않았다. 더군다나 유럽은 음수에 대해 회의적인 입장이었다.

음수에 대한 기록은 더 찾아볼 수 있다. 12세기에 이라크의 수학자 알 사마왈Samau'al al-Maghribi, 1130~1180은 0에서 a를 빼면 $-a$가 된다는 것을 알고 사용했으나 주변의 일부 국가에서만 사용하는 데에 그쳤다. 방정식에서도 빈번하게 음수가 나타났지만 수학계에서는 음수의 근을 무시하거나 근으로 생각하지 않았다. 그러나 수학자 봄벨리Rafael Bombelli, 1526~1572는 16세기에 사칙연산을 직선 위에 나타냄으로 기하학으로 설명하여 해석했다. 이처럼 음수를 인식한 수학자들은 꾸준히 등장했지만 뺄셈을 덧셈의 역으로 인식하고 나서야 음수를 수 체계로 이해하게 된 것은 19세기에 이르러서였다. 미적분학의 발전으로 음수에 대해 정확히 나타낼 필요가 있게 된 것이다. 하지만 여전히 일부 수학자들 사이에서만 음수를 사용하고 있었고 체계적인 연구가 공유되지 않아 음수를 사용하는데 통일된 규칙은 없었다.

그러다 19세기 중엽 영국의 수학자 조지 피콕George Peacock, 1791~1858이 음수에 대해 체계화하면서 음수는 수학 분야와 실생활 모두에서 사용하는 유용한 기호로 자리잡게 되어 지금까지 계속 사용하고 있다. 음수 기호를 정확히 나타낼 수 있게 되면서 이차방정식의 2개의 제곱근도 양의 제곱근과 음의 제곱근의 기호를 나타내어 편리하게 수학의 해법을 전개하고, (음수)×(음수)=(양수)라는 것도 증명할 수 있었다. 또한 허수를 포함한 복소수의 계산도 편리하게 할 수 있게 되었다.

일상을 살아가는 우리에게 아직도 음수는 상상 속 미지의 수로 취급받는다면 우리 삶은 어떤 부분이 바뀔까? 당장 마이너스 통장의 개념이 사라질 뿐만 아니라 손해본다는 개념을 어떻게 나타내고 있을지 궁금해진다.

바닷가재의 카드리유

길게 한숨을 내쉰 뒤 가짜 거북이 흐느끼느라 사레가 들려 캑캑거리자 그리핀이 가짜 거북의 등을 두드리고 문질러 주었다.

"너는 바닷속에서 살아본 적이 없을 거야."

'그래 살아본 적 없어.'

앨리스가 마음속으로 대답하는 동안 가짜 거북이 눈물을 줄줄 흘리면서 계속 말을 이어갔다.

"갯가재와 만날 기회도 없었을 거야."

"먹어 보기는……. 아니 한 번도 없어."

앨리스가 무심코 대답하다가 얼른 고개를 저으며 말했다.

"그러니 갯가재 춤이 얼마나 재밌는지도 모를 거야."

"응 몰라, 어떤 춤인데?"

"먼저 바닷가에 한 줄로 서서……."

그리핀이 말하자 가짜 거북이 바로 정정했다.

"아니야. 두 줄이야. 물개, 거북, 연어 등이 모여 바닥에 있는 해파리 따위를 깨끗이 치우고……."

"그럼 시간이 너무 걸려."

"각자 갯가재와 짝을 지어 자기 짝인 갯가재와 두 번 돌고……."

"짝을 바꾸고……. 그러고 나서 던져 버리는 거야."

주거니받거니 갯가재의 춤을 설명하던 그리핀과 가짜 거북이 신이 나서 동시에 말했다.

"그런 뒤 그것을 쫓아 헤엄쳐 가!"

"물 위에서 공중제비를 하면서 다시 짝을 바꾸고 육지로 돌아와……. 여기까지가 춤의 전부야."

신나서 설명하던 가짜 거북과 그리핀이 무너지듯 주저앉아 슬픈 얼굴로 앨리스를 바라봤다.

그들의 설명에 내키지는 않지만 안쓰러운 생각이 들어 앨리스는 말했다.

"정말 멋진 춤이겠구나."

"조금이라도 보여 줄까? 보고 싶어? 갯가재 없이도 할 수 있을까? 노래는 누가 하지?"

"네가 해. 난 가사를 잊어버렸어."

가짜 거북과 그리핀이 앨리스의 발등을 밟아 가며 가짜 거북의 노래에 맞춰 제법 그럴 듯하게 춤을 추기 시작했다.

"고마워. 아주 멋진 춤이야. 이상한 명태 노래도 재미있고."

꼴사나운 춤을 봐야만 했던 앨리스는 춤이 끝나 다행이란 생각을 하며 말했다.

"아…… 명태에 관한 것이라면……. 그런데 명태를 본 적 있겠지?"

"물론이야. 가끔 저녁식……."

무심코 대답하던 앨리스는 황급히 입을 다물었다.

"저녁식이 어딘지는 모르겠지만 봤다면 어떻게 생겼는지 알겠네?"

"꼬리를 입에 물고 빵가루를 뒤집어 쓰고 있어."

"빵가루라니 그건 아냐. 정말 그렇다면 이미 바닷물에 씻겨 내려갔을 거야. 하지만 꼬리를 입에 물고 있기는 해. 그건……. 그 이유는 네가 좀 이야기해줘."

가짜 거북이 하품을 하며 그리핀에게 말했다.

"갯가재와 춤추기를 좋아해서 그래. 먼 바다로 던졌을 때 놀라서 꼬리를 입에 물었는데 빼낼 수 없어 그렇게 된 거야."

어처구니 없는 이야기였지만 앨리스는 고개를 끄덕였다.

"고마워. 정말 재밌는 이야기야. 사실 명태에 대해 잘 몰랐거든."

"그래? 네가 원한다면 명태에 대해 더 알려줄게. 왜 명태라고 하는지 알아?"

"그런 것은 한 번도 생각해본 적이 없는데 왜 그런 거야?"

"구두 때문이야."

"구두 때문이라고?"

"그래. 네 구두는 무엇으로 닦지? 무슨 색으로 닦아?"

"검은 구두약으로 닦지."

"그럴 거야. 그런데 바다 밑에서는 흰색 구두약(검다[black]에 ing가 붙어 검은 구두약[blacking]이 된 것을 응용해 희다[white]에 ing가 붙으면 명태[whiting]가 된다는 언어유희)으로 닦거든."

"그럼 그 구두는 뭐로 만들어?"

"뱀장어 가죽으로 만들어. 이건 아기 새우도 알 테니 뻔한 것은 물어보지 마."

앨리스는 가짜 거북이 부르던 노래를 떠올리며 말했다.

"만약 내가 명태라면 돌고래에게 따라오지 마. 너랑 함께 가기 싫어!라고 말할 거야."

"생각 있는 물고기라면 돌고래 없이는 아무 데도 가지 않을 거야."

"정말? 왜?"

"난 여행을 간다는 물고기를 만나면 어떤 돌고래와 가는지 물을 거야."

"그럼 넌 지금까지 목적(목적purpose과 돌고래porpoise의 발음이 비슷하다)에 대해 말하고 있었던 거야?"

문득 가짜 거북이 말하는 것이 무엇인지 깨달은 앨리스의 말에 자신의 실수를 깨달은 가짜 거북의 얼굴이 붉어졌다.

"자, 이젠 이 아가씨의 말을 들을 차례야."

그리핀이 나서더니 말을 돌렸다.

"오늘 아침부터 시작된 모험 이야기를 할게. 그 전의 나와 지금의 나는 다르니까 그 전 이야기는 해도 소용없거든."

"처음부터 모두 해줘."

가짜 거북이 호기심어린 눈으로 가까이 다가앉았다.

"아냐아냐. 모험 이야기부터 해. 처음부터 이야기하려면 끔찍하게 시간이 오래 걸릴 테니까!"

그리핀이 가짜 거북을 밀어내며 말했다.

하얀토끼, 거북을 만나면서부터 벌

어진 모험 이야기를 시작하자 그리핀과 가짜 거북이 입을 헤 벌린 채 앨리스 곁으로 바짝 다가와 앉았다.

그런 그들의 모습에 좀 불안해졌지만 앨리스는 애벌레 앞에서 읊었던 시가 자꾸 엉뚱한 말이 튀어나오더란 이야기까지 했다.

"그건 정말 이상한 일이구나."

그리핀이 말하자 가짜 거북이 생각하는 얼굴로 중얼거렸다.

"엉뚱한 말이 튀어나왔다고? 그럼 지금 당장 '게으름뱅이의 소리야'를 한번 외워봐."

'짐승들이 걸핏하면 명령을 하네. 정말 제멋대로야. 당장 학교로 돌아가는 것이 낫겠어.'

이런 생각을 하면서도 일어나 시를 외우기 시작했지만 갯가재의 춤 생각으로 가득차 있던 앨리스는 엉뚱한 시를 말하기 시작했다.

그러자 그리핀과 가짜 거북은 고개를 갸웃하고 신통치 않다는 표정을 지었다.

앨리스는 이제 다시는 자신이 예전의 자신으로 돌아가지 못할지도 모른다는 생각에 걱정스러워졌다.

그리핀과 가짜 거북이 그 다음 시를 외워보라고 하자 앨리스는 다른 이야기를 하고 싶어졌다. 하지만 그리핀이 너무 끈질기게 재촉해서 다시 시를 외우기 시작했다.

"그런 잠꼬대 같은 소리는 집어치워. 대체 뭔 소리인지 하나도 모르겠어."

가짜 거북이 말하자 그리핀도 거들었다.

"그래. 이제 그만하는 것이 좋겠어. 다시 갯가재 춤을 출까? 아니면 가짜 거북에게 노래를 한 곡 부르라고 할까?"

"노래를 듣고 싶어. 가짜 거북이 좋다면."

그리핀은 앨리스가 더 이상 시를 읊지 않아도 되어 좋아하며 말하자 기분 나쁜 얼굴이 되어 가짜 거북에게 말했다.

"흥! 자기 맘대로라니까. 이 아가씨에게 거북 수프를 불러줄래 친구?"

가짜 거북은 긴 한숨 뒤 이따금 흐느끼기도 하면서 노래를 부르기 시작했다.

그때 멀리서 '재판을 시작한다!'라고 외치는 소리가 들려왔다.

가짜 거북에게 후렴을 한번 더 요청하던 그리핀이 소리쳤다.

"따라와."

"무슨 재판이야?"

그리핀에게 손을 잡혀 끌려가다시피 하던 앨리스가 물어봤지만 그리핀은 더욱 빨리 달려갈 뿐이었다.

바람결에 실려 들려오는 가짜 거북의 슬픈 노랫소리가 점점 희미해져갔다.

닮음을 이용한 증명

루이스 캐럴의 닮음을 이용한 증명 문제는 지금은 중학교 2학년 닮음 과정으로 해결할 수 있다. 《이상한 나라의 앨리스》 속 닮음을 이용한 증명은 〈베겟머리 퍼즐Pillow Problems〉에 나오는 문제 중 3번 문제이다. 그리고 이 문제는 유클리드의 《원론》을 토대로 낸 문제이므로 유클리드 기하학의 신봉자인 루이스 캐럴이 낸 문제이면서도 증명을 하기 싫어하는 독자들에게는 따분한 문제였을 것이다. 증명은 추론과도 많은 연관이 있으며 루이스 캐럴이 즐기던 추리력과도 연관이 있다.

문제는 다음과 같다.

사각형 ABCD 안에 평행사변형 EFGH가 접한다. 이때 $\overline{AB}$의 중점은 E, $\overline{BC}$의 중점은 F, $\overline{CD}$의 중점을 G로 하면 $\overline{AD}$의 중점이 H임을 증명하여라.

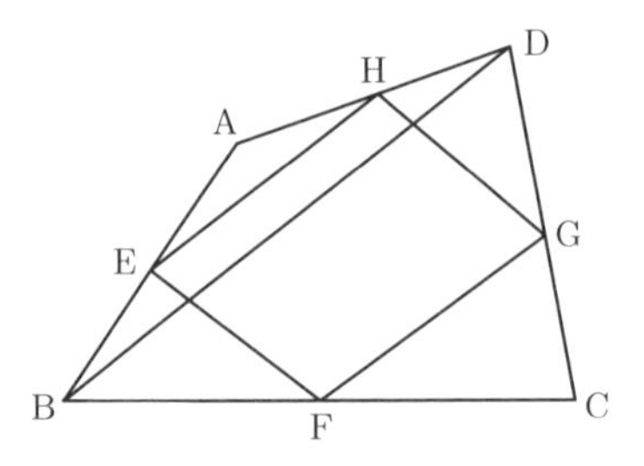

〈증명 과정〉

△CBD에서 $\overline{BC}$의 중점이 F이고, $\overline{CD}$의 중점이 G이므로 $\overline{FG} // \overline{BD}$…①

평행사변형 EFGH에서 $\overline{EH} // \overline{FG}$이므로 $\overline{EH} // \overline{BD}$…②

한편 △AEH와 △ABD에서 꼭지각 ∠BAD가 공통각이고, $\overline{AB}$의 중점이 E이고, ∠AEH=∠ABD(동위각)이므로 △AEH∽△ABD(AA닮음)…③

따라서 ③에 의해 $\overline{AH}=\overline{DH}$이므로 $\overline{AD}$의 중점은 H이다.

증명과정은 증명하는 사람에 따라 다소 차이가 있을 것이다. 그렇지만 증명과정에서 삼각형의 닮음을 포함해야 한다. 그래야만 $\overline{AD}$의 중점이 H인 것을 증명할 수 있기 때문이다.

누가 파이를 훔쳤나?

앨리스와 그리핀이 재판정에 도착했다. 재판정에는 온갖 짐승과 새들 그리고 한 세트의 트럼프 병정들이 모여 있었다.

재판정 맨 앞에는 하트 여왕과 왕이 앉아 있었고 그 앞에는 사슬에 묶인 하트 잭이 있었다. 왕 옆에는 트럼펫과 양피 두루마리

를 각각 손에 쥐고 있는 하얀 토끼가 있었다.

재판정 한복판에는 테이블 위에 커다란 파이 접시가 놓여 있는데 파이가 너무 먹음직스럽게 보여 앨리스는 군침을 꼴깍 삼켰다.

'재판이 빨리 끝나고 저 파이를 모두에게 나누어주면 좋겠다.'

앨리스는 시간을 때우기 위해 주변을 둘러보다가 책에서 본 것들을 떠올리고 무엇인지 알 거 같아 기뻐졌다.

'가발을 쓴 저건 판사야.'

재판장은 커다란 가발 위에 왕관을 얹어 불편하게만 보이는 왕이었다.

'저 12마리의 동물들은 배심원일 거야.'

자기 또래의 아이들이 과연 배심이란 말을 알까 생각하니 자신이 몹시 자랑스러워졌다.

석판 위에 열심히 무언가를 쓰고 있는 12마리의 배심원들을 보던 앨리스는 그리핀에게 속삭였다.

"저들은 무엇을 쓰고 있는 거야? 아직 재판 시작 전이라 쓸 게 없을 거 같은데?"

"자기 이름을 쓰고 있는 거야. 재판 끝나기도 전에 자기 이름을 잊어버릴까 봐."

"순 바보들이네."

자신도 모르게 무심코 앨리스가 말하자 하얀 토끼가 소리쳤다.

"법정에서는 정숙하시오!"

앨리스는 뒷자리에서 배심원들이 순 바보들이군이라고 석판에 쓰고 있는 것을 훔쳐보았다.

연필로 끽끽거리는 소리를 내고 있는 배심원을 본 앨리스는 참을 수가 없어져 기회를 엿보다가 잽싸게 그 배심원의 연필을 빼앗아버렸다.

어찌나 빨랐던지 가여운 배심원은 한동안 연필을 찾다가 포기하고는 손가락으로 판자를 긁적거렸다. 도마뱀 빌이었다.

왕이 말했다.

"문장관 소송장을 읽어라!"

하얀 토끼가 들고 있던 트럼펫을 힘차게 세 번 불더니 양피 두루마리를 펴서 목청껏 읽기 시작했다.

하트 여왕께서 더운 여름날 온종일

과일 파이를 만드셨지!

하트 잭이 그 파이를 훔쳐

멀리 어딘가로 달아났네!

“판결하라!”

왕이 말하자 하얀 토끼가 깜짝 놀라 가로막았다.

“아직 안 돼요. 순서대로 절차를 거쳐야 해요!”

“좋아. 첫 번째 증인을 불러라.”

왕의 명령에 하얀 토끼가 다시 트럼펫을 세 번 힘차게 불었다.

“첫 번째 증인!”

한 손에는 찻잔을 다른 손에는 버터 바른 빵을 든 모자 장수가 나왔다.

“용서하소서 전하, 아직 티파티가 끝나지 않아 이것들을 들고 올 수밖에 없었습니다.”

“다 끝나고 올 것이지. 티파티는 대체 언제 시작한 것이냐.”

“아마도 3월 14일인 거 같습니다.”

“무슨 소리야 15일이지!”

도어마우스와 팔짱을 낀 채 들어오던 3월 토끼가 외쳤다.

“아니야. 16일이야.”

도어마우스가 말했다.

“모두 받아 적어라.”

왕의 명령에 배심원들은 세 개의 날짜를 적고 그 아래에 실링이니 펜스 같은 화폐 단위를 붙였다.

"모자를 벗어라."

"이건 제 것이 아닙니다."

머뭇거리며 모자 장수가 말하자 왕이 소리쳤다.

"훔쳤구나."

"제가 가지고 있는 것들은 모두 팔려는 것이기에 제 것이 아닙니다. 전 모자 장수니까요."

새파랗게 질린 모자 장수를 보며 왕이 답답하다는 얼굴로 말했다.

"겁내지 말고 증언하라. 안 그럼 당장 목을 베어버리겠다!"

왕의 말에 더욱 겁이 난 모자 장수가 여왕의 눈치를 살피며 당황했는지 빵을 한입 베어물려다가 찻잔을 물어뜯고 말았다.

그 모습을 보고 있던 앨리스는 문득 이상한 기분이 들어 주위를 살펴보다가 자신이 커지고 있다는 것을 깨달았다. 깜짝 놀란 앨리스는 몸이 더 커지기 전에 재판정을 나가야 한다고 생각했지만 조금만 더 재판정에 남기로 했다.

"제발 좀 밀지 마."

앨리스 옆에 앉아 졸고 있던 도어마우스가 투덜거렸다.

“어쩔 수 없어. 지금 내가 커지고 있거든.”

“넌 커질 권리가 없어!”

“말도 안 되는 소리 마. 누구나 커지는 거야. 너도 그래.”

“하지만 난 정상적인 속도로 크지 너처럼 터무니없이 커지지는 않아.”

도어마우스는 내뱉듯이 말하더니 재판정의 다른 쪽으로 비틀거리며 가버렸다.

그때까지도 모자 장수를 노려보고 있던 여왕이 소리쳤다.

“지난번 음악회에서 노래한 가수들의 명단을 가져와라!”

이제 모자 장수는 아주 심하게 떨고 있었다.

“증언을 하라니까 뭘 꾸물거려! 당장 안 하면 목을 베어버리겠다!”

“불쌍히 여겨주세요, 전하. 티타임을 시작한 것은 약 1주일 전이었는데 반짝거리기 시작한 것이……. 찻잔 속에서 차가 햇빛에…….”

“날 놀리는 거냐?”

“대다수의 물건은 햇빛에 비치면 반짝인다고 3월 토끼가 말…….”

“난 그런 적 없어!”

미친 토끼가 급히 모자 장수의 말을 가로막았다.

"안 했다니까. 그 부분은 빼."

왕이 배심원들에게 말하자 모자 장수는 불안한 얼굴로 도어마우스를 찾았다.

"그럼 도어마우스가 그렇게 말했나 봅니다. 그래서 난 버터 빵을 조금 잘라……."

도어마우스는 이미 잠들어 아무 말도 하지 않았다.

"도어마우스가 뭐라고 했지?"

배심원 중 하나가 물었다.

"기억나지 않습니다."

"기억해야 해. 안 그럼 네 목을 벨 테다."

왕의 말에 모자 장수는 새파랗게 질려 찻잔과 빵을 떨어뜨리고 무릎을 꿇었다.

"저는 아주 불쌍한 사람입니다. 폐하."

"정말 말재주가 형편없구나! 그게 네가 아는 전부라면 내려가도 좋다."

왕이 딱하다는 듯 말했다.

"더이상 내려갈 수가 없습니다, 폐하. 여……여기가 바닥입니다."

"그럼 앉거라."

"저는 빨리 가서 티파티를 끝내고 싶습니다 폐하."

"가도 좋다."

왕의 허락이 떨어지기 무섭게 모자 장수는 구두도 팽개치고 재빨리 재판정을 뛰쳐나갔다.

마침내 가수 명단에서 모자 장수를 찾아낸 여왕이 명령했다.

"밖으로 나간 저자의 목을 베어라."

다행히 모자 장수는 흔적도 없이 사라져 버린 상태였다.

"다음 증인을 들라하라."

다음 증인은 공작부인의 요리사였다.

그녀가 재판정에 들어서기 전부터 문 옆에 앉아 있는 짐승들과 트럼프 병정들이 일제히 재채기를 했기 때문에 앨리스는 보지도 않고 누구인지 알아차렸다.

"증언을 시작하라!"

"싫습니다."

후추통을 든 요리사의 말에 왕이 당황하며 하얀 토끼를 바라보았다. 그러자 하얀 토끼가 귀뜸을 해주었다.

"재판장님, 반대 신문을 하셔야 합니다."

"그래? 자 파이는 무엇으로 만드는가."

"대개 후춧가루로 만듭니다."

요리사의 거침없는 대답 뒤로 도어마우스의 잠에 취한 목소리가 들렸다.

"틀렸어. 당밀로 만드는 거야."

"도어마우스를 당장 끌어내어 두들기고 짓밟고 수염을 잘라 버려라."

여왕이 버럭 소리를 질렀다.

잠시 잠이 덜 깬 도어마우스를 끌어내느라 재판정에 소동이 있다가 조용해진 뒤에 재판정을 보니 요리사가 사라진 뒤였다.

"다음 증인을 불러라."

왕은 요리사가 사라지자 잘 되었다는 듯이 말한 뒤 여왕에게 귓속말을 했다.

"당신이 다음 증인에게 반대 심문을 하시오. 난 이런 골치 아픈 것은 딱 질색이거든."

앨리스는 증인 명단을 부지런히 넘기고 있는 하얀 토끼를 보며 다음 증인은 누굴까 생각하다가 중얼거렸다.

"아직 아무런 증거도 없잖아."

하얀 토끼가 날카로운 목소리로 증인을 호명했다.

"앨리스!"

루이스 캐럴이 자주 냈던 퍼즐 문제

루이스 캐럴은 신비의 수 142,857에 대해 매우 흥미로운 연산을 즐겼다.

$142,857 \times 2 = 285,714$

$142,857 \times 3 = 428,571$

$142,857 \times 4 = 571,428$

$142,857 \times 5 = 714,285$

$142,857 \times 6 = 857,142$

$142,857 \times 7 = 999,999$

142,857에 2부터 6까지 곱하면 142,857의 숫자 위치만 바뀔 뿐 다른 숫자가 나타나지 않는 것이다. 그런데 의문이 생긴다. 142,857에 7을 곱하면 왜 결과가 999,999가 되는 것인가?

이유는 $\frac{1}{7}$을 순환소수로 나타낼 때 반복되는 순환마디가 142,857인 것이다. 따라서 0.142857142857…에 7을 곱하면 0.999999999…가 된다. 여기에서

142,857×7=999,999가 되는 것을 짐작할 수 있다.

이와 더불어 흥미로운 사실이 있다. 142+857=999이고, 14+28+57=99이다.

또한 $\frac{1}{17}$=0.0588235294117647058823529411 7647…에서 순환마디가 0588235294117647인데 이것도 마찬가지로 적용된다. 다만 순환소수 맨 앞의 숫자인 0을 제외하면 0,588,235,294,117,647(물론 첫 자릿수가 0인 자연수는 없다) 대신 588,235,294,117,647인데, 다음처럼 나타낼 수 있다.

588,235,294,117,647×2=1,176,470,588,235,294

588,235,294,117,647×3=1,764,705,882,352,941

588,235,294,117,647×4=2,352,941,176,470,588

588,235,294,117,647×5=2,941,176,470,588,235

588,235,294,117,647×6=3,529,411,764,705,882

588,235,294,117,647×7=4,117,647,058,823,529

588,235,294,117,647×8=4,705,882,352,941,176

588,235,294,117,647×9=5,294,117,647,058,823

588,235,294,117,647×10=5,882,352,941,176,470

588,235,294,117,647×11=6,470,588,235,294,117

588,235,294,117,647×12=7,058,823,529,411,764

588,235,294,117,647×13=7,647,058,823,529,411

588,235,294,117,647×14=8,235,294,117,647,058

588,235,294,117,647×15=8,823,529,411,764,705

588,235,294,117,647×16=9,411,764,705,882,352

588,235,294,117,647×17=9,999,999,999,999,999

순환마디에서 맨 앞의 0은 제외하고 2부터 16까지 곱한 결과는 순환마디의 위치가 변한 값이 된다. 그리고 맨 앞의 제외했던 0은 계산한 결과에서 다시 나타난다.

앨리스의 증언

깜짝 놀란 앨리스가 벌떡 일어났다.

"네."

자신의 이름이 불려 너무 놀란 앨리스는 그 덕분에 자신이 커지고 있던 것을 잊어버렸다.

그래서 앨리스가 일어나는 순간 옷자락이 배심원석을 쓸어 뒤집어 엎었다. 12명의 배심원들이 방청객 머리 위로 굴러 떨어졌면서 아수라장이 되자 앨리스는 서둘러 사과했다.

"정말 죄송해요."

앨리스는 배심원들이 어항 속의 금붕어 같다는 생각을 하며 얼른 배심원들을 들어 배심원석에 올려놓기 시작했다.

"배심원들이 모두 제자리에 앉기 전까진 재판을 진행할 수 없다."

왕이 매서운 눈으로 앨리스를 노려보며 말했다.

배심원들을 모두 올린 앨리스가 배심원석을 살펴보자 도마뱀 빌이 거꾸로 처박혀 있었다. 앨리스는 바로 빌을 들어 제대로 앉혀 놓았다.

"어디에 앉든 그리 중요하지 않을 거야. 재판에는 큰 상관없으니까."

겨우 자리에 앉은 배심원들이 석판과 연필을 찾아들고 방금 일어난 일들을 적기 시작했다.

"이 사건에 대해 알고 있는가?"

왕의 질문에 앨리스는 분명한 목소리로 대답했다.

"아무것도 모릅니다."

"그것은 아주 중요한 일이군."

배심원들을 돌아보며 왕이 말했다.

배심원들이 왕의 말을 적

으려고 하는데 하얀 토끼가 끼어들더니 공손하게 말했다.

"여러분도 잘 아시겠지만 판사님의 말씀의 뜻은 중요하지 않다는 것입니다."

"물론 대수롭지 않다는 뜻이지."

왕이 허둥지둥 말하더니 어떤 말이 맞는지 확인하려는 듯 작은 목소리로 중얼거렸다.

"중요한, 안 중요한, 중요한, 안 중요한."

배심원석 가까이에 있던 앨리스는 몇몇 배심원은 중요한을 다른 몇몇 배심원은 안 중요한을 적는 것을 보았다.

그사이 노트에 무언가를 쓰고 있던 왕이 갑자기 정숙을 외치더니 노트를 읽어내려갔다.

"제42조, 누구든지 키가 1마일(약 1.61m)이 넘는 자는 법정을 떠나야 한다."

모두의 눈길이 앨리스에게 쏟아졌다.

"제 키는 1마일이 안 돼요."

"아냐 넘고도 남아."

여왕도 나섰다.

"거의 2마일이나 되잖아."

"어쨌든 전 여기 있을 거예요. 그 규칙은 방금 왕께서 마음대로 만드신 것이잖아요."

"무슨 소리야? 이 법률은 가장 오래된 그러니까 가장 오래된 법률이야."

"그럼 제1조여야지 왜 제42조라고 하는 거예요?"

앨리스의 반격에 얼굴이 하얗게 변한 왕이 노트를 덮더니 떨리는 목소리로 배심원들에게 말했다.

"판결해라."

하얀 토끼가 봉투 한 장을 들어 보이며 급히 뛰어나왔다.

"안 됩니다, 재판장님. 아직 증거가 더 남아 있습니다. 방금 이 봉투를 주웠습니다."

"그 안에 무엇이 들어 있느냐."

"아직 열어 보지 않았지만 피고가 누군가에게 보낸 편지 같습니다."

"편지를 받는 사람이 누구냐?"

"글쎄요, 봉투엔 아무것도 적혀 있지 않습니다."

하얀 토끼가 봉투를 뜯고 안을 들여다봤다.

"시가 적혀 있군요."

"피고가 쓴 건가요?"

배심원이 물어보았다.

"아니오. 그건 아닌 듯합니다. 하지만 그게 가장 이상한 일입니다."

배심원들이 모두 난처한 표정으로 왕과 하얀 토끼를 번갈아 쳐다봤다. 왕이 묶여 있는 하트 잭을 가리키며 뻔하다는 표정으로 말했다.

"아마 다른 사람의 글씨를 흉내낸 거겠지."

"재판장님, 제가 쓴 것이 아닙니다. 서명도 없으니 아무런 증거도 없습니다."

기겁하며 하트 잭이 말하자 왕이 대답했다.

"서명이 없다는 것은 네 죄만 더 무겁게 할 뿐이다. 떳떳하지 못한 짓을 했으니 서명을 하지 않았던 거지. 올바른 행동을 하는 정직한 인물이라면 왜 서명을 하지 않았겠는가."

왕이 처음으로 그럴 듯하게 말하자 방청석에서 박수가 터져나왔다.

"이제 저자가 유죄라는 것이 밝혀졌으니 저자의 목을……."

"그런 건 증거가 될 수 없어요. 시의 내용도 모르잖아요."

앨리스가 다급하게 끼어들었다.

"시를 읽어라."

왕이 못마땅한 목소리로 말하자 하얀 토끼가 안경을 꺼내 썼다.

하얀 토끼가 시를 낭독하는 동안 재판장은 쥐죽은 듯 조용해졌다.

"지금까지 들은 것 중에서 가장 중요한 증거니 이제 배심원들에게…….”

“누구든지 저 시를 알기 쉽게 설명할 수 있다면 6펜스를 줄게. 저 시에는 아무 뜻도 없어 보여.”

앨리스가 왕의 말을 가로채며 나서자 배심원들이 앨리스의 말을 석판 위에 받아 적었다.

“만약 이 시에 아무런 뜻이 없다면 굳이 사서 고생할 필요는 없겠군. 하지만 아닐 수도 있어. ‘수영을 못 한다고 말했지’의 이 구절이 마음에 걸리는데…….”

왕이 하트 잭을 보며 말했다.

“수영할 줄 모르지? 그렇지?”

하트 잭이 슬픈 얼굴로 고개를 저었다.

왕이 계속해서 시를 읽어내려가자 앨리스가 말했다.

“그 다음에는 ‘그들은 그에게서 모든 것을 빼앗아 그대에게 주었네 라는 말이 있어요.“

“바로 그거야! 파이가 저기에 있지 않느냐. 저것보다 확실한 증거가 어디 있겠느냐. ‘그녀가 승낙하기 전에’에 나와 있는 대로 승낙하지 않으리라 생각한다.”

왕의 말에 여왕이 소리쳤다.

“절대 그렇게 하지 않아요. 시에도 쓰여 있잖아요.”

“그럼 이 구절도 여왕에게는 맞지 않아. 모두 말장난일 뿐이야.

자, 이제 배심원들은 판결을 내려라."

"안 돼. 선고부터 먼저 하고 판결은 그 다음이야."

여왕이 소리치자 앨리스도 외쳤다.

"선고를 먼저하는 것은 말도 안 돼."

"입 닥쳐."

화가 나 얼굴이 빨개진 여왕이 다시 소리치자 앨리스도 마주 보고 큰 소리를 냈다.

"그렇게는 못 해!"

여왕이 고래고래 외쳤다.

"저 애의 목을 쳐라."

앨리스가 코웃음을 쳤다.

"너희는 기껏 트럼프 카드일 뿐이야. 너희에게 겁낼 사람은 아

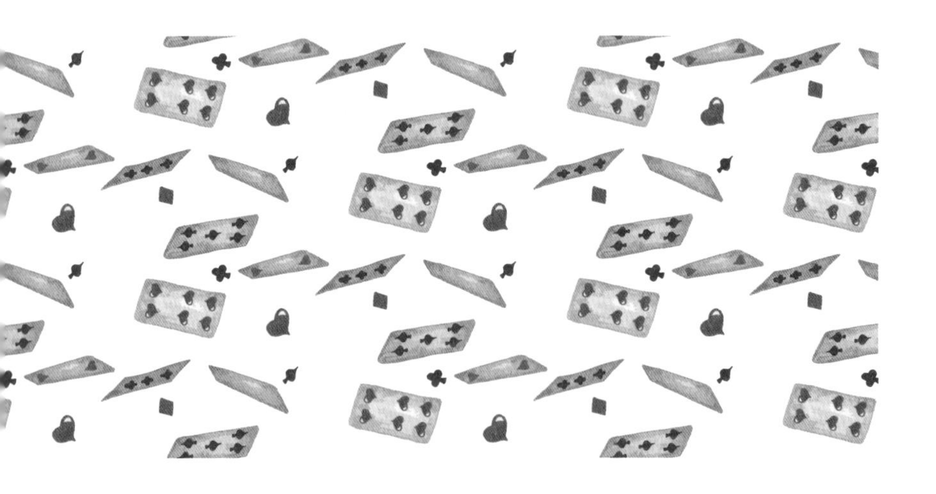

무도 없어."

그러자 모든 트럼프 병정들 아니 트럼프 카드들이 공중으로 떠올라 앨리스를 향해 덤벼들었다. 앨리스도 비명을 지르며 카드들을 두 팔로 휘젓기 시작했다.

그러다 눈을 뜬 앨리스는 양지바른 언덕 위 언니 무릎을 베고 잠들어 있었다는 것을 깨달았다.

"앨리스 그만 일어나. 무슨 낮잠을 잠꼬대까지 하면서 곤히 자니?"

"언니, 나 정말 이상한 꿈을 꾸었어."

앨리스는 지금까지 꾼 이상한 이야기를 언니에게 들려주었다.

언니는 앨리스의 꿈 이야기를 듣더니 입맞춤을 해줬다.

"정말 이상한 꿈을 꾸었구나. 빨리 집에 가야 티타임에 늦지 않을 거야."

앨리스가 그곳을 떠난 뒤 언니는 귀여운 앨리스가 꾼 신기한 꿈에 대해 생각하다가 깜빡 잠이 들었다.

언니는 꿈 속에서 앨리스가 만났던 수많은 동물들의 소리를 들었다……. 하얀 토끼, 눈물의 웅덩이를 헤엄치는 쥐와 동물들, 3월 토끼와 티파티를 하며 달그락거리는 찻잔 소리, 여왕이 쉴새 없이 손님들의 목을 베라고 명령하는 소리, 공작부인과 아기 돼지가 재채기하는 소리, 그리핀의 괴상한 고함 소리, 도마뱀 빌이 연필로 석판을 긁는 소리, 가짜 거북의 흐느끼는 소리까지 모두 들려왔다.

꿈에서 깬 언니는 앨리스가 다녀온 이상한 나라가 있다는 것을 믿고 싶었다. 하지만 헤엄치는 소리는 갈대가 바람에 흔들리는 소리이고 달그락거리는 찻잔 소리는 양떼의 방울 소리이며 여왕의 고함소리는 목동이 외치는 소리인 것을 알고 있었다. 언니는 앨리스가 성숙한 여인이 되었을 때도 지금과 같은 아름답고 순진한 마음을 간직하고 있을지 생각했다.

앨리스 증후군

《이상한 나라의 앨리스》의 작가 루이스 캐럴도 겪었다고 추정하는 질병-동화 속 주인공에서 이름을 딴 질병.

물체가 실제보다 크거나 작게 보여서 잘못된 인식을 일으키는 질병을 '앨리스 증후군'이라고 한다. 토드John Todd, 1914~1987 박사가 1955년에 자신의 이름을 따서 토드 증후군으로도 부르며, 대부분 일부분의 편두통이나 뇌전증을 앓은 6살 무렵의 아동기에 발병하여 스무 살 정도의 청년기에는 자연스레 소실하는 질병이다. 루이스 캐럴도 편두통과 시각적 왜곡을 겪은 것으로 알려졌는데 이 질병과 증세가 비슷하여 이 병을 겪은 것으로 추측하고 있다. 이 추측이 사실이면 루이스 캐럴은 자신의 경험을 바탕으로 '이상한 나라의 앨리스'를 집필한 것이다.

앨리스 증후군은 이상한 나라에 떨어진 앨리스가 커지거나 작아지는 변화를 겪으면서 물체에 대한 인식의 왜곡에서 유래한 것이다. 증상으로는 시각적인 변화에도 문제가 생기지만 시각, 청각, 촉각에도 문제가 발생해 물체에 대한 왜곡으로 환각증상을 겪게 된다. 이는 일상생

활을 이어가는데 큰 문제가 된다. 사람들의 얼굴이 뒤틀려 보이기도 하고, 사람이나 사물의 색깔이 지나치게 밝아 보이기도 한다. 몸이 붕 떠 있는 듯한 증세도 있으며 수면장애를 일으키기도 한다고 알려져 있다.

앨리스 증후군은 현재까지도 원인이 정확히 밝혀지지 않은 상태인데 의학계에서는 측두엽의 문제로 시각정보를 받아들이는 데 문제가 생긴 것으로 추정한다. 뇌종양이나 헤르페스 바이러스의 일종인 엡스테인-바 바이러스Epstein-barr virus의 감염, 약물 중독으로도 앨리스 증후군에 걸릴 가능성이 있다. 현재는 항우울증제나 혈압조절제를 이용한 치료제로 앨리스 증후군의 증세를 개선하고 있다.

도르래에 매달린 원숭이 퍼즐 (45쪽) 답

답은 다음과 같다.

원숭이가 로프를 잡고 기어 올라가도 길이가 짧아지던지 길어지던지 원숭이와 추는 균형을 유지한 상태가 된다는 것이다.

추와 원숭이가 균형을 이룬 상태에서는 원숭이가 기어 올라가도 추와 원숭이는 계속 평형 상태를 이룬다.

물론 실험을 해본다면 정확한 결과가 나오지만 작가의 의도는 상상력을 확장하여 문제에 접근하는 것이다. 이 문제는 현재에도 많은 퍼즐책에서 소개하고 있으며, 여러분이 물리적 상황에서 다른 관점이나 이론에 맞게 설명해서 독특한 답을 제시할 수도 있다. 루이스 캐럴이 원했던 것은 논리적 설명이 가능한 것이므로 여러분이 충분한 논리력을 갖추어 답변하면 된다.

참고 도서

Alice-이상한 나라의 앨리스, 거울나라의 앨리스 루이스 캐럴 지음, 최인사 옮김, 북폴리오

누구나 수학 위르겐 브뤽 지음, 정인회 옮김, 지브레인

손안의 수학 마크 프레리 저, 남호영 옮김, 지브레인

수학사 하워드 이브스 지음, 이우영 · 신항균 옮김, 경문사

수학의 파노라마 클리퍼드 픽오버 지음, 김지선 옮김,사이언스 북스

숫자로 끝내는 수학 100 콜린 스튜어트 지음, 오혜정 옮김, 지브레인

알수록 재미있는 수학자들 : 근대에서 현대까지 김주은 지음, 지브레인

오일러가 사랑한 수 e 엘리 마오 지음, 허 민 옮김, 경문사

위대한 수학문제들 이언 스튜어트 지음, 안재권 옮김, 반니

이상한 나라의 앨리스 거울나라의 앨리스 루이스 캐럴 지음, 강미경 옮김, 느낌이 있는 책

이상한 나라의 앨리스 루이스 캐럴 지음, 김진섭 엮음, 지경사

이상한 나라의 앨리스 루이스 캐럴 지음, 보탬 옮김, 팡세 클래식

일상에 숨겨진 수학 이야기 콜린 베버리지 지음, 장정문 옮김, 소우주

피보나치의 토끼 애덤 하트데이비스 지음, 임송이 옮김, 시그마북스

한권으로 끝내는 수학 패트리샤 반스 스바니, 토머스 E. 스바니 공저, 오혜정 옮김, 지브레인

참고 사이트

위키피디아 https://ko.wikipedia.org

동아사이언스 http://dongascience.donga.com

https://mathlair.allfunandgames.ca

https://mathshistory.st-andrews.ac.uk